典藏河田勝彥 美好的甜點時光

瑞昇文化

前言

法文「Au Bon Vieux Temps」是指「昔日的美好時光」。對我而言，則是指我旅居法國那8年的日子。1970年前後，正值變革年代之際，我受到了無數衝擊，遇到了各種人事物，一股腦投身工作，深刻煩惱著許多事情的同時，更埋身於甜點製作。對我而言，這些都讓我獲得了無可取代的經歷，即便回國又歷經快半個世紀，這些過往回憶還是存在於我的心中，接下來也不會消逝。

本書會介紹約20種甜點，雖然為數不多，每道卻都令我印象深刻。現在，法國的法式甜點店或許盡是新穎的創意甜點，但我旅居法國時，基本上店鋪都是充斥著巴巴、波蘭人蛋糕、巴黎布雷斯特泡芙等最基本款的甜點，而且這些品項各個美味且極具魅力。巡訪法國各地，我又進一步接觸到許多在地甜點，另外，還相遇了背後有著各種故事的甜點，這也讓我心中有了更徹底的覺悟，要開啟身為甜點職人的人生之路。

在自身累積的經驗過程中，有些美味是我一定會堅持，無法妥協退讓的。對我而言，比起食譜作法，製作者是以怎樣的心情呈現出甜點美味反而更加重要。雖然甜點的絕大部分建構在數字、理論與科學之上，但我自己更執著從職人感受與抽象含意中追求美味。我認為，自己在人生中經歷過、感受過的各種事物會反映在每一道甜點上，相信這在未來也不會改變。

對我而言，職人是指全心全意投入自己工作之人。我在法國、在日本遇到了許多傑出職人，並期許自己也能與這些職人一樣。隨著時代變遷，職人所處的環境愈趨嚴苛，但我不喜歡把這些視為理所當然，最後放棄去做努力。雖然，我們這裡在談論的不過就是甜點。無論是在法國的那幾年，還是開店之初，甚至是現在，我所追求的事物始終如一，未來也會一樣，因為，從來不曾有過改變的念頭。

也期待能透過本書，與讀者們分享我對甜點的各種感受。

河田勝彥

目次

製作甜點前

- 使用麵粉等各種粉類時要先篩過。
- 書中奶油皆指無鹽奶油，且須冰鎮存放。
- 雞蛋要置於室內回溫。
- 吉利丁先浸冰水泡軟，用手確實擠掉水分，再以餐巾紙包覆輕吸水分後即可使用。
- 展延麵團時，有需要的話可使用手粉。
- 使用高筋麵粉作為手粉。
- 以攪拌機攪拌時，要適時暫停，用橡膠刮刀或刮板徹底刮下附著於料理盆內壁與拌刀上的麵糊、鮮奶油。
- 書中攪拌機的速度與時間僅供參考。
- 若無特別說明，書中所說的烤箱皆指商用烤箱。
- 烤箱須事先預熱至烘烤溫度。
- 烤箱的溫度與烘烤時間僅供參考。
- 室溫約為25℃。
- 人體皮膚溫度約為28～32℃。
- 使用材料中，有些會直接寫出品牌或產品名稱，這是為了讓讀者們比較能清楚掌握食材的風味，各位當然也能依自己的喜好做不同選擇。

＊本書是將柴田書店發行的MOOK「café-sweets」vol.181～198（2017年4月～19年3月）
連載之「甜點教父河田勝彥的甜點回憶錄」文章，加上食譜集結成冊再次出版上市。

採訪・撰文／瀨戶理惠子
拍攝／合田昌弘、天方晴子（p.115、p.157 ～ 159）
設計／矢內里
編輯／吉田直人、永井里果、大坪千夏、黑木純

Ali Baba

阿里巴巴

在巴黎相遇的滋味記憶，巴巴魅力之處在於蘭姆酒的豐郁香氣

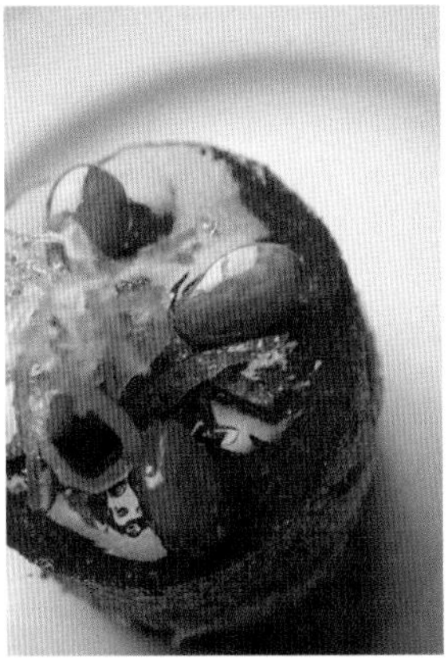

Ali Baba

1967年6月6日，我絕對不會忘記自己第一次踏上巴黎土地的日期。我經西伯利亞鐵路前往莫斯科，再從莫斯科搭乘飛機，最後抵達奧利機場已是深夜。我沒預訂飯店，只好睡在機場的長椅，到了凌晨，竟還被機場人員通報警方。日本大使館的職員和畫家友人收到消息後便前來機場迎接，當時真是引起一場軒然大波呢。總之，大家先說服我住在靠近14區阿雷西亞車站（Alésia）附近的飯店。預付了一個月的飯店費用後，也搞得我身上現金所剩無幾，深感焦慮的同時，卻也不能說立刻返回日本，只好慌張地開始找工作。

雖然發生了不少風波，但最初的巴黎可是帶給我一連串的感激，尤其是氣味。巴黎的氣味跟東京截然不同！這讓我深受文化衝擊。我打開入住飯店的窗戶後，馬路對面的市集就會飄來香料與水果的氣味呢。當時店鋪販售的水果與現在差異甚大，全是受損傷痕，但香氣強烈，令我記憶極為深刻。

飯店附近有間甜點店，店裡巴巴的香氣也是令我難忘。巴巴雖然是法國古典甜點之一，但當時並不像現在，無論哪間店都可以見到巴巴的身影，就連餐館或餐廳也很少見。不過，這卻出現在飯店附近的甜點店呢。店內架子上擺了裝有蘭姆酒的燒瓶狀容器，準備裝盒外帶回家時，店員會很豪邁地將蘭姆酒澆淋在巴巴上。那股香氣真叫人欲罷不能！心想著「酒氣好香～！」下肚後雖然會立刻滿臉通紅，但實在美味。也因為那份感動，對我來說，巴巴非得搭配蘭姆酒。有些人會使用柑曼怡香橙甜酒或干邑，但我就是非蘭姆酒不可，而且必須是濃郁強有力的黑蘭姆酒（Dark Rum）呢。總之，這是怎樣都不能妥協的部分。

用高筋麵粉製成且帶有嚼勁的糕體，還要吸飽糖漿與酒水

「Au Bon Vieux Temps」從營業之初就開始販售「阿里巴巴」，這道甜點是在使用大量蘭姆酒的圓餅狀巴巴蛋糕中間，夾入同樣充滿蘭姆酒香的卡士達醬。這道甜點基本上跟我在巴黎修業的甜點店「柯克蘭艾內（Coquelin Ainé）」所供應的「阿里巴巴」餐後甜點一樣。巴巴蛋糕搭配了質地濃厚的卡士達醬之後，充滿濃郁感，深得我心。據說會取名阿里巴巴，是源自於「阿里巴巴和四十大盜」。最上面的柳橙皮則是我的點子，想要詮釋出注入滾沸熱油後燃燒冒起的火焰。

先將內含葡萄乾的巴巴糕體吸附帶有香料及柳橙香氣的糖漿，塗上大量蘭姆酒後，夾入同樣添加了蘭姆酒的卡士達醬，最後擺放蘭姆葡萄乾，再以切絲的柳橙皮裝飾，呈現出立體感。入口後，糖漿會從充滿嚼勁的糕體傾洩而出，與滋味濃郁的卡士達醬結合，蘭姆酒的香氣也會跟著擴散開來。

Ali Baba

我認為，決定巴巴美味與否的關鍵在於糕體紮實度。不同於布里歐麵包細緻軟嫩的豐富口感，巴巴的糕體質地紮實，嚼勁十足，所以一定要讓糕體吸附充足的糖漿與酒水。另外，粉類不能使用低筋麵粉，而是非高筋不可。將麵糊烤到帶色後，接著放入低溫烤爐，讓中間的水分完全收乾。浸漬用的糖漿甜度則是波美度（Baume）20度，這也是非常關鍵的環節。由於必須添加非常大量，多到會滲出的糖漿，如果使用太多砂糖，可能只會凸顯出甜味，但這股甜味可不能輸給蘭姆酒強烈的酒精味，唯有20度的糖漿甜度，才能在其中取得恰到好處的平衡。甜味太弱會使鮮味消逝，但也不能讓甜味專美於風味及香味之前，因為這可會讓巴巴失去甜點應有的特質。

許多人會先把糖漿與酒水混合，再浸泡巴巴糕體，但我維持在巴黎學到的作法，先讓糕體吸附糖漿後，再用毛刷塗抹蘭姆酒。這樣不僅能更散發香氣，帶給人的衝擊亦是強烈。在種類豐富的甜點中，應該沒有其他甜點能像巴巴一樣，與酒類如此契合呢。品嘗巴巴時，如果發現酒味不夠重，可是會讓我極為失望甚至感到憤怒呢。薩瓦蘭蛋糕（Savarin）或許會依內餡或奶油餡調整使用的酒類，但巴巴無論如何就是要搭配蘭姆酒呦。反正呢！充滿蘭姆酒香的巴巴，才算是真正的巴巴。

Ali Baba

阿里巴巴

〔 材料 〕

直徑5cm、24個分

巴巴糕體（→「基本」P.164）
pâte à baba 24個

糖漿 *sirop*

精製白糖 *sucre semoule* 750g
水 *eau* 1500g
肉桂條 *bâton de cannelle* 約3支
八角 *anis étoilé* 11～12顆
柳橙皮（削薄）
zestes d'orange 3/4顆分

奶油餡 *crème*

卡士達醬（→「基本」P.162）
crème pâtissière 440g
蘭姆酒 *rhum* 48g

※將卡士達醬放入料理盆，以打蛋器攪拌至滑順狀後，再倒入蘭姆酒充分混合。

蘭姆酒 *rhum* 240g
杏桃果醬覆面（→「基本」P.161）
glaçage d'abricot 適量
蘭姆葡萄乾*
raisins au rhum 96顆
橙皮絲（→「基本」P.160）
julienne d'oranges confites 適量Q.S.

*將蘇丹娜（Sultana）葡萄乾浸泡熱水1天使其膨脹。用濾網撈起瀝乾後放入容器，接著倒入加熱燃燒過的蘭姆酒，必須大致蓋過葡萄乾，並浸漬3天以上。

製作糖漿

1

所有材料入鍋，開火加熱使其沸騰。倒至料理盤，置於室溫放涼至35℃。

組合、完成

1

用麵包刀將巴巴糕體上面不平整的部分削平，側面也要削掉薄薄一層，使其變成圓餅狀。

2

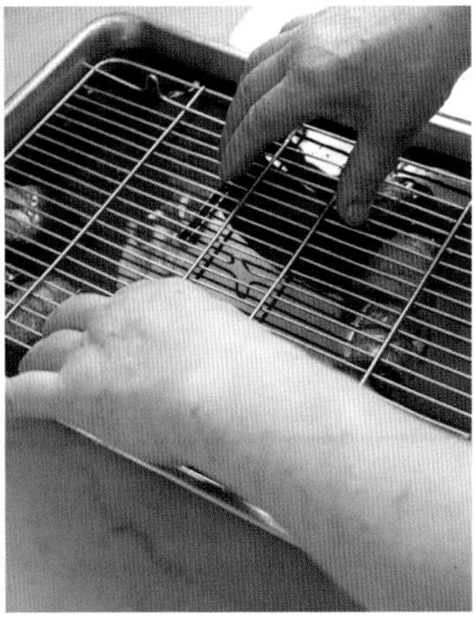

將**1**浸入35℃糖漿，擺上網架避免糕體浮起，浸漬將近1小時，讓整塊糕體吸飽糖漿。

※糖漿隨時間變涼的話，會較難滲入糕體，所以過程中要將整個料理盤開火加熱2～3次，維持在35℃。

3

當糕體膨脹成2倍，用手壓也感覺不出中間硬硬的話，就可稍微輕握，擠掉2成的糖漿，接著置於網架上。

※用手按壓也不感覺會硬的話，就表示裡頭已徹底吸附糖漿。糖漿擠掉的程度，則是依據糕體擺在網架後，糖漿是否緩慢低落來判斷。

4

水平切開糕體，讓底部高度與烤面高度比例為3：5，分開排列於網子，切面朝上。

5

用毛刷在每個切面塗抹5g的蘭姆酒（也就是每顆10g）。

6

將平切下的烤面糕體放入鋁箔杯，切面要朝上。將卡士達醬填入裝有9mm圓形花嘴的擠花袋，每顆擠20g。接著蓋上底部糕體，切口須朝下。

7

煮沸杏桃果醬覆面，用毛刷在**6**的上方大量刷抹。

8

將蘭姆酒醃漬過的葡萄乾攤在網子上，滴乾汁液，在每塊糕體擺放4顆葡萄乾，擺好後要再塗抹杏桃果醬覆面。

9

接著擺上切絲的柳橙皮，用手輕抓，使其看起來既集中又蓬鬆。

Paris-Brest

巴黎布雷斯特泡芙

在巴黎布雷斯特初次體會到的濃郁堅果醬。原本不甚喜愛的風味竟也讓我在回國時墜入情網

巴黎布雷斯特泡芙是相當有歷史的甜點，當初為了紀念1891年在巴黎—布雷斯特間舉辦的自行車大賽，所以泡芙本體才會做成自行車輪的形狀。我在巴黎工作時，幾乎不曾在布雷斯特見過這款泡芙，倒是巴黎有幾間甜點店會販售。與其說是餐後甜點，巴黎布雷斯特泡芙反而比較像小甜點，泡芙中間基本上都會夾入果堅果奶油餡，這種餡料多半是以使用了麵粉、質地較厚重的卡士達醬為基底。

說到巴黎布雷斯特，當然少不了堅果醬，但其實我初抵法國期間，怎樣都無法愛上堅果醬的味道。除了因為在日本時，身邊完全沒出現過這類風味的甜點外，即便是實際進入甜點店工作，別說是榛果了，就連杏仁也不曾使用過。如果是在日本飯店工作的人或許聽過堅果醬，但對我來說可是不曾體驗過，相當具衝擊性的風味。我應該是在接觸到巴黎布雷斯特泡芙時，才第一次知道堅果醬的存在。

入口後，發現自己對於豆類（堅果）夾帶著焦糖獨特香氣所散發出的風

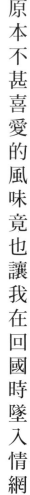

Paris-Brest

味難以招架，只覺得好難聞！光聞就讓我不舒服，甚至嚴重到可以用噁心來形容。所以在巴黎修業的甜點店擠布雷斯特泡芙的堅果奶油餡時，我都會暫停呼吸。雖然不愛，但法國的甜點店隨處可見使用了堅果醬的甜點，在外吃飯有時也會供應，這也讓我漸漸習慣了堅果醬的味道。再者，堅果醬是法式甜點不可或缺的存在，工作時也都會接觸到，只能讓自己去習慣。對我而言，喜歡上堅果醬這件事，相當於對工作的覺悟。

其實不只堅果醬，還有很多到了法國後讓我感到衝擊無比的氣味。奶油及乳製品強烈的氣味令我震驚，還有優質的蘭姆酒或柑曼怡香橙甜酒，也是我在日本不曾接觸過的氣味，就連走在街頭，地鐵也有獨特氣味，市場則會飄散出花香及果香。每個人種帶有的體味也不同，甚至是女人的香水味，只要路過附近就能讓你覺得醉醺醺。身處各種味道夾雜在一起的環境時，會讓你搞不清楚究竟是怎麼回事，甚至有種「到底是要帶我去哪裡？」的感覺。然而，這股氣味在現今的巴黎已淡薄許多。

自己手作堅果醬，就能調整味道濃淡

即便說了那麼多，我卻在離開法國時，愛上原本覺得不對味的堅果醬香氣，更認為將各種豆類（堅果）入甜點是很理所當然。回到日本後，最讓我頭疼的反而是找不到好豆。我去法國8年左右返日，當時日本使用豆類

在環狀的法式泡芙撒上杏仁角，慢火烘烤完全去除水分，才能展現酥脆輕盈的口感，以及香氣馥郁的滋味。中間夾入以奶油、蛋黃霜、杏仁榛果堅果醬、義式蛋白霜、卡士達醬混拌成的滑順奶油餡。

的頻率不如法國，能取得的原料皆缺乏風味。於是只好強力拜託食品貿易商，請他們幫忙進口味道濃郁的歐洲產杏仁，接著再請井上製作所讓出一台沒在使用的石製研磨機，最後結合巴黎所學，開始自製堅果醬和巧克力果仁糖（Gianduja）。新鮮現做的風味完全不同，還能調整配方，呈現出自我風格。就我而言，會比較喜歡讓堅果和焦糖味道更焦、更濃郁一點。榛果帶皮會有很強烈的澀味，一定要去皮。但杏仁帶皮也很美味，所以會搭配有皮及無皮杏仁製作堅果醬。

如果是製作夾心巧克力或巧克力甜點，完全展現出堅果醬的濃厚滋味也不會影響整體協調性，但如果是「生菓子」類的甜點（濕糕點），我反而會覺得較難入口。尤其是只含榛果的堅果醬味道濃又膩，這時我多半會加入杏仁，讓口感變輕盈些。布雷斯特泡芙的堅果醬則用了等比例的榛果及杏仁混拌而成。如此一來，風味就不會像巴黎街角甜點店所賣的布列斯特泡芙那般強烈，甚至讓人有種好入口，可作為日常甜點品嘗的印象呢。

Paris-Brest

巴黎布雷斯特泡芙

〔 材料 〕

直徑15×高7cm的環狀模、2個

泡芙麵糊（→「基本」P.164）
pâte à choux 約200g

堅果穆斯林奶油餡
crème mousseline au praliné

- 奶油 *beurre* 50g
- 蛋黃霜（→「基本」P.166）
  pâte à bombe 17g
- 焦糖榛果杏仁醬（→「基本」P.168）
  praliné amande noisette 50g
- 義式蛋白霜（→「基本」P.169）
  meringue italienne 17g
- 卡士達醬（→「基本」P.162）
  crème pâtissière 137g

澄清奶油* *beurre clarifié* 適量Q.S.
杏仁角 *amandes hachées* 適量Q.S.
塗抹用蛋液（全蛋）
dorure (œufs enters) 適量Q.S.
糖粉 *sucre glace* 適量Q.S.

＊奶油融化後，上層清澈的油脂。

組合1

1

用毛刷在直徑15cm的環狀模內壁塗上厚厚一層澄清奶油。放入裝滿杏仁角的容器中，讓模面內側沾滿杏仁角，接著擺放在氟碳樹脂製成的烤盤上。

2

將還帶有溫度的泡芙麵糊填入裝有直徑9mm圓形花嘴的擠花袋，沿著環狀模內壁擠一圈麵糊。擠完一圈後，再沿著這圈麵糊內側繞擠一圈。

3

貼著模面，於外圈泡芙麵糊上再擠一圈環狀麵糊。

4

用毛刷塗抹蛋液，並撒上杏仁角。

5

放入上下火皆為200℃的烤箱烘烤約24分鐘。拿掉環狀模，把上下火降至180℃，繼續烘烤23分鐘。出爐後置於網架，在室溫下放涼。

製作堅果穆斯林奶油餡

1

將冰冷的奶油切成適當大小，放入料理盆。盆底用直火稍微加熱，再以打蛋器攪拌成膏狀。

2

依序加入蛋黃霜、焦糖榛果杏仁醬，每次加入時都要以打蛋器充分拌勻。

3

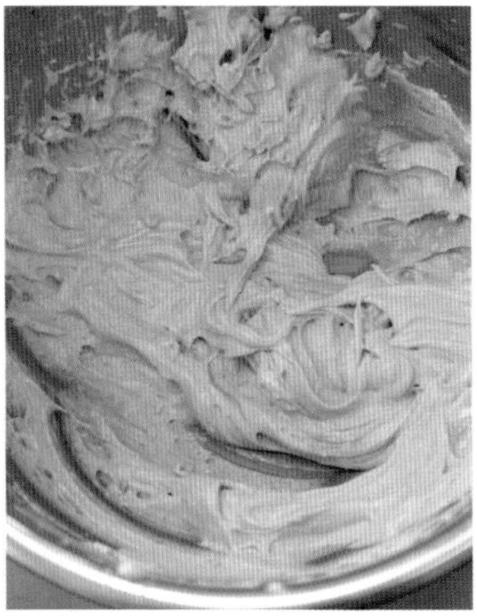

加入義式蛋白霜，以打蛋器用切拌的方式讓材料大致混合。

4

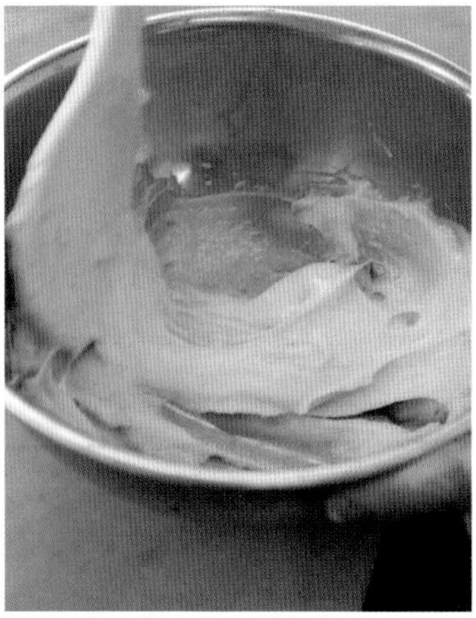

將卡士達醬倒入一只料理盆，以刮刀攪拌至滑順狀。

※如果卡士達醬太冰，在下個步驟與**3**混合時會變得不易乳化，所以要先讓卡士達油醬溫度接近室溫。

5

把**3**加入**4**，充分拌勻。蓋上保鮮膜，置於冰箱冷凍7～8分鐘，讓餡料稍微變硬，較容易擠至泡芙上。

組合2、完成

1

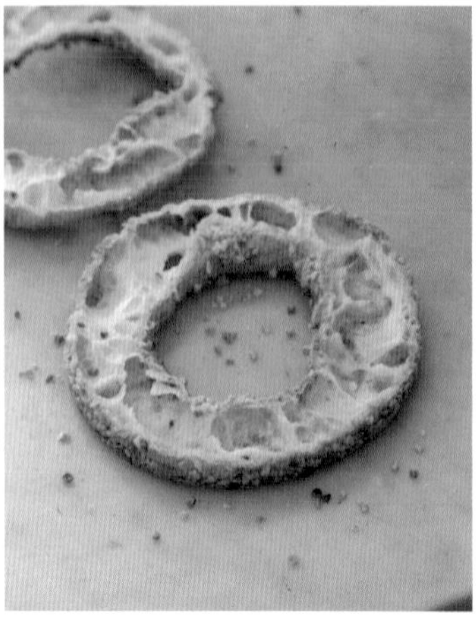

鋸齒刀水平橫放，將烤好的環狀法式泡芙切成上下兩塊。

※下半部要稍微厚一些。

2

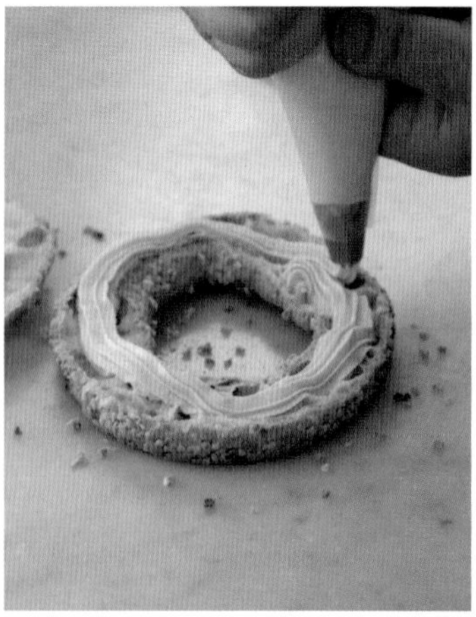

將堅果穆斯林奶油餡填入裝有9爪13號星形花嘴的擠花袋，並在**1**的下半部泡芙中，擠入一圈奶油餡。

3

接著以畫8的方式，在**2**的奶油餡上面繼續擠一圈。

4

在**1**上半部泡芙的烤面撒點糖粉，並蓋在**3**的上方。

Polonaise
波蘭人蛋糕

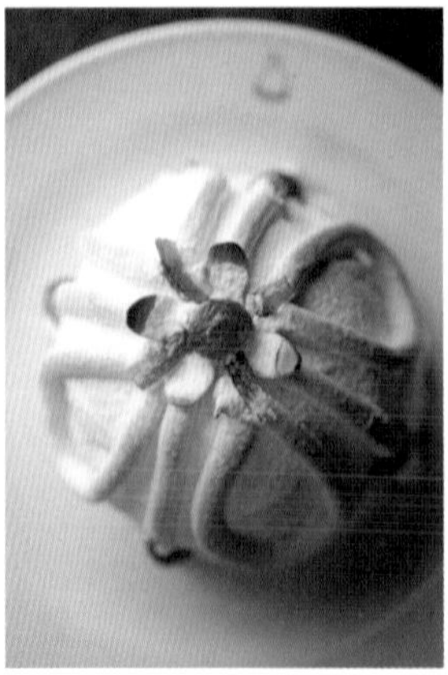

擺放一晚的布里歐麵包，以及蛋白活用術，在法國學到的不浪費工作法

「波蘭人蛋糕」法文的「Polonaise」就是指波蘭人，也是款被認為用蛋白霜來呈現波蘭人潔白肌膚的甜點。我剛去巴黎時，每間甜點店都有販售波蘭人蛋糕。我在日本既沒看過、也沒吃過這類型的甜點，蛋白霜的質地偏乾卻不會太甜，咬下去脆脆硬硬的，整體口感極為協調，所以我還蠻喜歡的。甜點充滿古典氣息的同時，卻又能藉由形狀與裝飾的呈現，展露出現代氛圍，我也吃遍不少店家所做的波蘭人蛋糕。

這款甜點會用到布里歐麵包，但如果是拿剛烤好的麵包浸糖漿，反而會使糖漿吸附過量，麵包體變得軟爛，所以一定要使用擺放過夜的布里歐麵包。店家多半會使用前一天沒賣完的布里歐麵包，製作成所謂的再生甜點。甜點店的布里歐麵包奶油用量會比麵包店的還要多，做成的波蘭人蛋糕更顯豐厚美味。

現在回想起來，我在法國修業期間，一直盡可能避免自己在工作時造成浪費。除了會把賣剩的布里歐麵包做成波蘭人蛋糕，水果也能做各種加

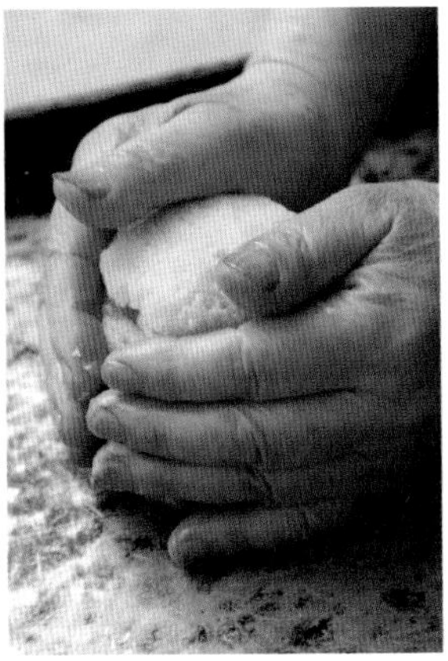

Polonaise

工，百分之百用盡不丟棄。就連傑諾瓦士蛋糕切下的邊條也會拿來用在其他甜點中，絕不浪費。我甚至認為，思考不會造成浪費的食譜、在加工步驟花點心思都是身為甜點業者非常重要的使命。

從這層意義來看，令我印象最深刻的，應該就是蛋白的使用方法了。在日本工作時，蛋黃會用來製作卡士達醬或蛋糕體，不過，蛋白基本上沒什麼功用，所以丟了非常多的蛋白。但是看看法國，不只會把蛋白徹底用盡，有時甚至還嫌不夠呢。除了法式小餅乾（Four Sec）、馬卡龍，達克瓦茲和甜塔皮所需的麵糊也會用到大量蛋白。當然還有跟波蘭人蛋糕及檸檬塔一樣，將蛋白霜擠在甜點上的作法。這不禁讓人覺得，使用到蛋白的甜點種類真多呢。而這種不浪費的精神，就是法式甜點所展現出的協調性。法國人也很喜歡烤成一大塊的蛋白霜。當被要求要做點什麼料理的時候，在法國只要拿出巧克力或蛋白霜的甜點，基本上應該都能過關吧。

波蘭人蛋糕是打造店鋪風格色彩的商品之一，可不能因為賣不出去就停賣

在日本，會買波蘭人蛋糕的客人其實不多，不過，對我來說無所謂。以生菓子（濕糕點）來說，波蘭人蛋糕的獨特口感極為難得，最重要的是我很喜歡。我才不會因為喜歡這款甜點的客人稀少就決定停賣。既然是身為店鋪核心成員喜愛、想製作的甜點，當然意味著這款甜點能呈現出店鋪風

將吸附了肉桂柳橙糖漿的布里歐麵包抹上櫻桃酒，展現出適中的軟度與繽紛香氣。在麵包之間擠入卡士達醬、擺上糖漬水果，接著在外層抹上義式蛋白霜，擺放糖漬歐白芷、糖漬櫻桃後，再烤出顏色。口感硬脆的蛋白霜和蛋糕濕潤的口感對比極具魅力。

格色彩。我認為，核心成員應該是一人而非多人，且必須藉由該名成員的強大意志，展現出店鋪風格。如果不這樣做，店鋪必須遵行的中心思想可能因此瓦解。相反的，有些店鋪會在某樣甜點開始熱賣後決定停賣，心想著讓客人試試其他類型的甜點，或是自己做膩了也會停賣，總之，就是意念游移不定。

甜點店提供的品項包羅萬象，除了生菓子（濕糕點），還有烘烤糕點、手工糖果、巧克力、維也納麵包、冷凍甜點、外燴料理。光是生菓子使用的麵糊、麵團種類，就可以細分成餅乾或海綿蛋糕用麵糊、千層酥皮麵團、泡芙用麵糊、發酵麵團等，種類非常多樣。對我而言，要能精通所有品項，才算是甜點師傅，不能只專攻馬卡龍、閃電泡芙，而是必須兼具多元特色。對甜點師傅而言，這不僅意味著擴展能呈現的範圍，也代表著工作樂趣。當然還會希望顧客一眼望去排列在架上的許多甜點時，能高興到發出「哇！」的驚嘆聲，甚至感到心情愉快。就像是尋寶一樣，從中找到自己喜愛的甜點，品嘗後說出「真好吃！」的反饋，光是這樣就能讓我開心無比。

其實這一切的源頭，都來自半世紀前我在巴黎接觸到的悸動。也因為至今都還記得那份感動，才能讓我日復一日持續製作如此大量的甜點，且絲毫不覺厭倦。

Polonaise

波蘭人蛋糕

〔 材料 〕

直徑10cm、1個分

布里歐麵包*（→「基本」P.165）
pâte à brioche 1個
（以直徑10×高11cm的布里歐圓柱烤模製作，
成品重約280g）

＊出爐後放置一晚再使用。

糖漿 *sirop*

精製白糖 *sucre semoule* 375g

水 *eau* 750g

肉桂條 *bâton de cannelle* 10g

柳橙皮（削薄片） *zestes d'orange* 1/2顆分

※所有材料入鍋加熱，煮至沸騰。倒至料理盤，室溫下放涼至30℃。

卡士達醬*（→「基本」P.162）
crème pâtissière 約200g

＊準備使用時再倒入料理盆，並以刮刀拌至滑順狀。

義式蛋白霜（→「基本」P.169）
meringue italienne 約600g

櫻桃酒 *kirsch* 適量Q.S.

蘭姆酒醃糖漬綜合水果*
fruits confits au rhum 適量Q.S.

糖漬櫻桃 *bigarreaux confits* 適量Q.S.

杏仁片 *amandes effilées* 適量Q.S.

糖漬歐白芷 *angéliques confites* 適量Q.S.

糖粉 *sucre glace* 適量Q.S.

30度波美糖漿（→「基本」P.169）
sirop à 30° Baume 適量Q.S.

＊準備市售的糖漬葡萄乾、柳橙、檸檬、鳳梨、櫻桃再以蘭姆酒醃漬過。

組合、完成

1

用鋸齒刀切掉布里歐圓柱麵包底部，接著片成4片圓塊，每片厚度1.5～2cm。

2

將4片麵包疊好置於檯面，削掉側面，使形狀變成圓錐體。

3

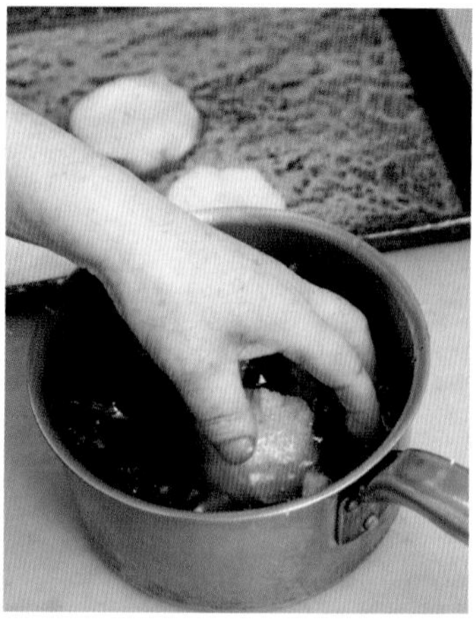

將**2**的麵包逐一浸入加熱至30℃的糖漿，立刻用手按捏後，置於烤盤上。

※如果按捏不夠確實，糖漿會在塑形完後滲出。

4

用毛刷在**3**塗抹大量櫻桃酒。

5

將卡士達醬填入裝有直徑7mm圓形擠花的擠花袋。從**4**堆疊好的4片麵包中，取下面3片，並在每片麵包擠上卡士達醬，從邊緣算起1cm處開始由外往內繞圈擠出漩渦狀。

6

在擠了卡士達醬的麵包上，分別鋪放蘭姆酒醃漬過的糖漬綜合水果。

7

再擠些許卡士達醬於麵包上，並以小抹刀稍微刮開鋪平。

8

將**7**依序由大至小疊回原本的形狀，最後蓋上步驟**5**沒有塗抹卡士達醬的頂層麵包。用手輕壓側面，調整好形狀。

9

用抹刀依序在**8**的側面及上方塗抹大量義式蛋白霜。

10

用抹刀刮掉多餘蛋白霜的同時，還要加以塑形，讓整體呈現帶有高度的圓頂狀。

11

將義式蛋白霜填入裝有直徑6mm圓形擠花的擠花袋，在10的表面擠出十字形狀。接著在十字隔出的區塊，分別擠入4個下垂的繩索造型。

12

在十字頂端的線條上，裝飾切拌的糖漬櫻桃。將4片杏仁片斜插於上方櫻桃的周圍，看起來就像花朵，側面的櫻桃兩旁也要裝飾杏仁片。

13

在頂端的杏仁片間，插入4塊細切成3×0.7cm大小的糖漬歐白芷。側面的十字線條上也要擺放裝飾。

14

表面撒下大量糖粉，放入上下火皆為230℃的烤箱烘烤8分鐘，烤至表面帶色。將糖漬櫻桃、糖漬歐白芷塗抹30度波美糖漿，經烘烤後就能溶出糖化物質，充滿亮澤。

Cannelé

可麗露

在巨大迷惘中相遇的鄉土甜點，可麗露帶來的衝擊改變了我的甜點師人生

我是1968年在利布爾訥（Libourne，位於法國西南部吉倫特省內）和可麗露相遇。對我的甜點師人生而言，那時相遇所帶來的衝擊猶如五雷轟頂般，也是我內心最深刻的回憶。

當時，我受到同一年發生的「五月革命」波及，失去了好不容易得到的甜點店工作，對於巴黎甜點業界依然如故、毫無進步的狀況感到幻滅，於是決定離開巴黎。整個心情紊亂無比，便決定用少少的錢買輛自行車，騎上國道七號（Route nationale 7），朝馬賽前進。接著又往北前進一段路，在維埃納附近的農戶打工換宿，幫忙收成桃子，最後回到巴黎。但不久之後，卻又想逃出巴黎，於是朝聖愛美濃（Saint-Émilion）前進，並在葡萄酒農戶幫忙收成葡萄。當時，我完全遠離甜點甚至是甜點店長達4個月之久。每天在田裡工作到腰痠背痛，夜裡則和其他工人們一起吃員工餐，一起喝酒，唱歌跳舞，讓自己每天沉浸在勞力工作者的身分中。

就在某個休假日，我漫無目的地前往鄰村利布爾訥。那裡有間名叫「洛

Cannelé

佩（Pâtisserie López）」的甜點店，心想著「好吧，既然都來了，就進去看看囉！」推開店門後映入眼簾的，就是被堆成跟座山一樣的可麗露。如果要說是甜點，這顏色未免太黑、太焦，就連形狀也很特別，讓我不禁納悶「這是什麼玩意兒啊！」不過，心中忐忑地咬下一口後，發現表面口感雖然脆硬，裡頭卻Q彈軟嫩，香草跟蘭姆酒的氣味更是整個飄散出來，好吃！當下很驚訝「竟然有這樣的甜點！」這跟我在巴黎已經看到煩膩的奶油霜和傑諾瓦士蛋糕類甜點，甚至是泡芙、塔類甜點完全不同，是過去不曾看過、吃過的類型。

當時的我深受衝擊，就像頭部被重擊一樣，心想「什麼嘛！原來法國甜點世界還有很多我自己必須知道的事情！」接著，原本感到鬱悶迷惘的情緒竟然瞬間一掃而空，並決定「重新回到巴黎，再投身甜點之路」。多虧可麗露幫我找回自己對甜點的熱情，以及新遭遇鄉土甜點時的有趣過程重新將我喚起，才能讓我持續追求自己的甜點之路直到今日。

數十年無法取得資訊的時光，完成可麗露的遙遠之路

不過，想要深入了解可麗露實在相當困難。當時，像可麗露這類鄉土甜點只存在於當地人之間，可說是鮮少拿出家門外的珍藏。如果是今天，我們透過網路就能立刻掌握相關資訊，但過去卻不是這樣。問法國人沒人知

外表脆硬，內部Q軟的對比口感魅力十足。在牛奶放入香草莢，加熱後靜置一晚，接著與雞蛋混合，再和麵粉、焦化奶油、蘭姆酒拌勻，繼續靜置一晚。將麵糊倒入塗抹了奶油和蜂蜜的可麗露烤模後，徹底烤熟。烤模無須清洗，使用後用布擦拭乾淨即可。在我店裡會把可麗露高高堆疊在銀托盤上販售。

道，就算查閱書籍，書中也只提到會使用蜂蠟，有說等於沒說。我甚至多次從巴黎造訪洛佩（Pâtisserie López），別說使用哪些材料及製法，店家就連模具長怎樣也不肯透露，所以我掌握到的資訊等於零，當時可是浪費了大筆金錢呢。

在那數十年之後，我終於看見曙光。當皮埃爾．埃爾梅（Pierre Hermé）開始製作可麗露，巴黎的材料行也終於賣起了可麗露烤模。於是我前往巴黎，開心到趕緊買好烤模，並立刻進行試作。即便不是很清楚食譜配方，但我腦海中已經浮現出混合了雞蛋、牛奶、麵粉、香草、蘭姆酒的麵糊，在窯爐中加熱滾沸，烘烤至粥狀的畫面。不過，初期卻是怎麼做怎麼失敗，例如麵糊烤到整個黏在模具裡無法脫模，只好不斷重複拿苛性蘇打清洗，上油、進烤箱空燒，接著繼續試烤的過程。即便如此，我還是很想嘗試可麗露，甚至不曾有過放棄的念頭。

其實不只是可麗露，所謂的鄉土甜點多半不會留下完整食譜，很多環節只能靠自己思考。過程中當然需要不斷摸索，卻也因為這樣，做出成品時的那股喜悅和感動更顯激昂。只要懂得探索每種甜點守護存留下的在地氣息，思考居民們的生活與文化，那麼想像就會不受範圍限制。或許也是因為這份喜悅，才能讓我一直身處其中，不曾離開過。

Cannelé

可麗露

〔 材料 〕

直徑5.5×高5cm的可麗露烤模、25個分

蛋奶液 *appareil*

低溫殺菌牛乳 *lait pasteurisé* 1000g

香草莢*1 *gousse de vanille* 1支

蛋黃 *jaunes d'œufs* 4顆分

全蛋 *œuf entier* 1顆

低筋麵粉 *farine ordinaire* 140g

高筋麵粉 *farine de gruau* 110g

精製白糖 *sucre semoule* 500g

蘭姆酒 *rhum* 90g

焦化奶油*2 *beurre noisette* 50g

＊1 縱向剖開取出種子，剩下的香草莢亦可使用。

＊2 將奶油切成適當大小，入鍋以中火加熱，用打蛋器邊攪拌，邊煮至焦化，變成茶褐色時即可離開火源。濾過後，趁熱使用。

奶油（備料成膏狀） *beurre* 適量Q.S.

蜂蜜（百花蜜） *miel* 適量Q.S.

製作蛋奶液

1

將牛奶、香草莢和香草籽入鍋加熱，煮至沸騰。

2

移至料理盆，蓋上保鮮膜，放置冰箱冷藏一晚。

3

將蛋黃和全蛋倒入料理盆，以打蛋器打散。加入少量的**2**拌勻後，再加入剩餘的**2**，繼續拌勻。

4

另備一只料理盆，放入低筋麵粉、高筋麵粉、精製白糖，以打蛋器充分拌勻。

5

在**4**的中間做出一個凹洞，倒入1/3的**3**，接著用打蛋器從中間慢慢朝四周混拌。倒入剩餘的**3**並繼續拌勻。

6

依序加入蘭姆酒和帶溫度的焦化奶油後，立刻攪拌均勻。

烘烤、完成

3

拿起步驟**8**〈蛋奶液〉的香草莢，用打蛋器徹底拌勻。接著用濾網過篩到另一只料理盆。

1

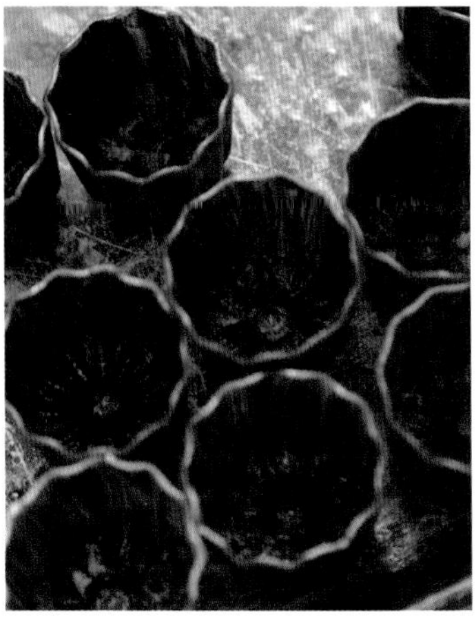

用毛刷在烤模塗抹一層薄薄的膏狀奶油。

※注意奶油要塗均勻，不可殘留。

7

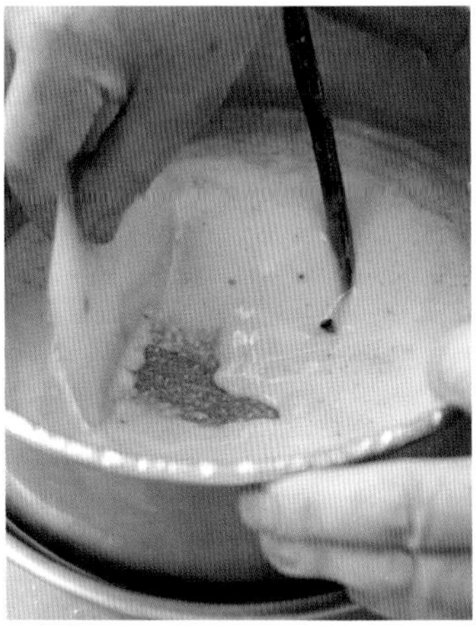

將**6**用細網目的濾網，篩至另一只料理盆。殘留在濾網上的香草籽則須用橡膠刮板施力刮壓，香草莢也要放入料理盆中。

4

把**3**倒入附壺嘴的刻度量杯，接著倒入**2**的烤模，約8～9分滿即可。

2

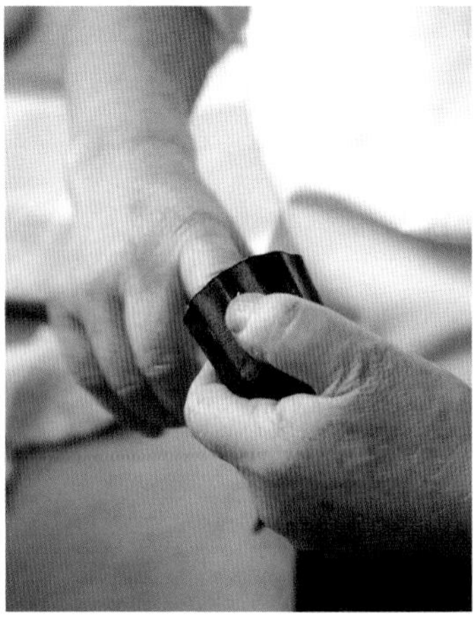

用手指在烤模輕輕抹一層蜂蜜後，即可排列在烤盤上。

8

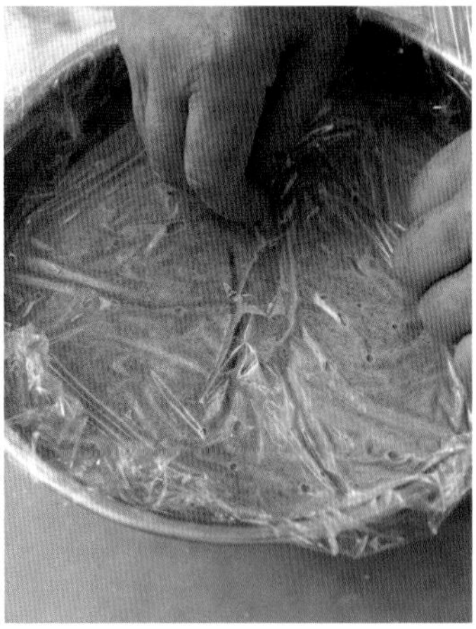

用保鮮膜服貼密封，置於冰箱冷藏一晚。

5

放入上下火皆為230℃的烤箱烘烤30分鐘。將烤盤前後轉向，再繼續以上火210℃、下火250℃烘烤30分鐘。

6

出爐後，立刻將烤模顛倒並敲扣工作桌，讓可麗露脫模。平坦面朝下置於烤網，在室溫下放涼。

Saint-Honoré

聖安娜蛋糕

與當時厚重的生菓子風格迥異，輕盈的口感實在令人驚艷

我第一次製作聖安娜蛋糕，是在巴黎「邦斯（Pons）」工作期間（1969～1971年）。「邦斯（Pons）」位在盧森堡公園前面，好天氣時還會擺設露台座位。2樓的茶點沙龍（Salon de Thé）環境氣氛也很好，會陳列出許多精緻甜點，非常受到歡迎。

聖安娜蛋糕只會在一個禮拜中，店鋪最熱鬧的星期天販售。10點過後，在教堂做完彌撒的人們會湧入店裡，所以必須在那之前製作完所有甜點，這也使得廚房在還沒天亮就已是戰場。平日大約會早上6點開始工作，但如果是週日，即便半夜2、3點開始，時間也不見得夠充裕。再者，聖安娜蛋糕必須將現做的卡士達醬和義式蛋白霜混合成蓬鬆輕盈的希布斯特奶油餡後趁熱擠，所以根本無法事先備妥。當時還要抓準時間，在10點左右迅速完成最後步驟，製作上可說相當耗費心思。

現在回想起來，那時巴黎甜點店陳列的生菓子（濕糕點），基本上都是以大量奶油的法式奶油霜（crème au beurre）和傑諾瓦士蛋糕組合成的品

Saint-Honoré

項，頂多再加個塔類或泡芙。既是砂糖的甜，又是奶油的濃郁，兩者對我來說都頗為沉重。說實在的，像這類維持傳統風格絲毫沒有改變的甜點真會讓人退避三舍。

不過，第一次在「邦斯（Pons）」吃到的聖安娜蛋糕卻不同於前面提到的甜點，口感其實還蠻輕盈的。立刻查閱書籍，發現關於聖安娜蛋糕的說法有很多種。例如，這道甜點是在巴黎聖安娜街開店的職人希布斯特所發明，名稱是來自負責守護甜點師和麵包師的守護神聖安娜，引起了我的興趣。原來，歷史悠久的甜點中還有這樣的蛋糕呢，至今仍令我印象深刻。

關鍵在於
希布斯特奶油餡的蓬鬆口感

我雖然也很喜歡聖安娜蛋糕上，泡芙焦化後的硬脆口感，但最美味的部分，當然還是希布斯特奶油餡了。如果能嘗到帶點餘溫的奶油餡，美味更是加分。製作訣竅在於須將現做的溫熱卡士達醬和義式蛋白霜稍微拌勻，且盡量避免氣泡消失。為了讓氣泡質地紮實穩定，義式蛋白霜所添加的糖漿必須加熱至122℃。當義式蛋白霜的質地不夠硬挺，氣泡會立刻消失，那麼在擠希布斯特奶油餡時就會明顯下塌。另外，還會添加些許吉利丁，將有助形狀的維持。話說，我到法國後第一次使用吉利丁的甜點就是聖安娜蛋糕呢。製作外燴料理時雖然有用過吉利丁，但那時慕斯還不普

傳統作法會擠入非常大量的希布斯特奶油餡。在圓形的酥脆派皮邊緣擠一圈泡芙麵糊後進爐烘烤，接著在邊緣的泡芙麵糊上擺放表面沾了糖漿，裡頭擠了卡士達醬的小泡芙。小泡芙內側則填入滿滿的希布斯特奶油餡。為了定型，希布斯特奶油餡會加入少量吉利丁，口感表現則是相當蓬鬆。

遍，所以並未用在甜點上。從這個角度來看，聖安娜蛋糕真是令人有著深刻回憶的餐後甜點呢。

不過，說到聖安娜蛋糕，現在基本上都會用香緹鮮奶油來取代希布斯特奶油餡，這樣的變化當然也很時尚，並無不妥。但對我來說，這項甜點還是只能搭配希布斯特奶油餡。因為，它原本就是以希布斯特奶油餡為主角所誕生的甜點。我認為，守護這最核心的部分不僅是對發明者的禮貌，也是對所謂傳統及歷史表達敬意的方式。

我絕對不是「極力反對變化」之人。積極表達自己的感性及構思固然很好，但如果是要拿傳統甜點來做變化，我就會認為「何不自己再想個更有趣的新名稱？」而不是繼續沿用舊名。身為甜點師，就背負著法國飲食文化的一環，既然擔任這項傳統工作，當然要好好維護由古人所建構，跨越時代傳承至今的種種，也是我自始至終未曾改變的思維。

Saint-Honoré

聖安娜蛋糕

〔 材料 〕

直徑18cm、1個分

酥塔皮麵團（→「基本」P.165）
pâte à foncer 約170～200g

泡芙麵糊（→「基本」P.164）
pâte à choux 約190g

卡士達醬（→「基本」P.162）
crème pâtissière 約90g

焦糖 *caramel*
精製白糖 *sucre semoule* 200g
水飴 *glucose* 4g
水 *eau* 24g

希布斯特奶油餡 *crème chiboust*
牛奶 *lait* 130g
香草莢*1 *gousse de vanille* 1/4支
蛋黃 *jaunes d'œufs* 2.5顆分
精製白糖 *sucre semoule* 30g
高筋麵粉 *farine de gruau* 15g
吉利丁片 *gélatine en feuilles* 3g（1.5片）
義式蛋白霜*2（→「基本」P.169）
meringue italienne 225g

*1 縱向剖開取出種子，剩下的香草莢亦可使用。
*2 趁剛做好還有餘溫時使用。

塗抹用蛋液（全蛋）
dorure (œufs entiers) 適量Q.S.

組合1、烘烤

1

在酥塔皮麵團撒上適量手粉，用壓麵機將麵團展延成2.5mm厚。戳洞後，置於冰箱冷凍20～30分鐘。沿著直徑18cm法式酥盒（Vol-au-vent）切模的邊緣，用刀子將麵團切出圓形（重量約170g）。以保鮮膜包裹，放入冰箱冷藏半天～1天。

※須放入冷藏，讓麵團休息，減弱麵團筋性，才能避免烘烤時變形。

2

將**1**擺放在氟碳樹脂製成的烤盤上，用毛刷塗抹蛋液。

3

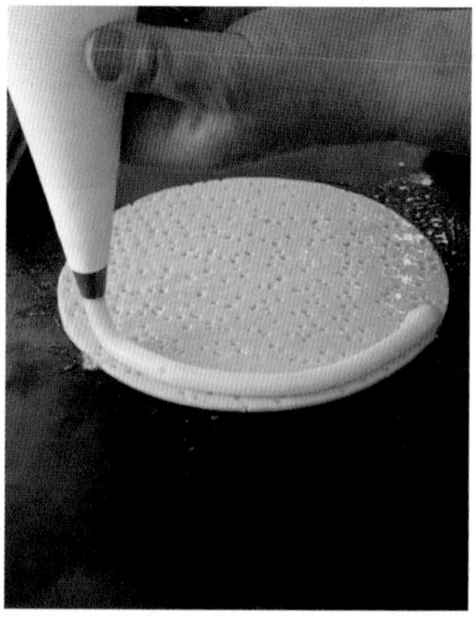

把還帶有溫度的泡芙麵糊，填入裝有直徑9mm圓形花嘴的擠花袋中，沿著**2**的邊緣，將擠出的麵糊垂繞麵團一圈。

4

從中心朝外擠出漩渦形狀，漩渦線條要空出間距。

5

用毛刷在擠好的麵糊塗抹蛋液。

6

放入上下火皆為200℃的烤箱烘烤約17分鐘後，把上下火降至180℃，繼續烘烤19分鐘。出爐後置於網架，在室溫下放涼。

7

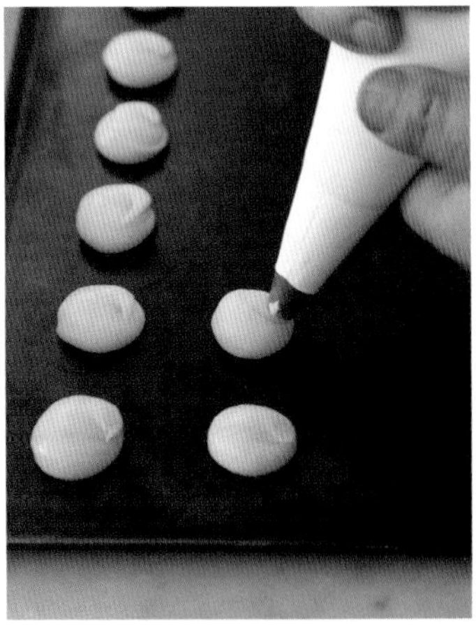

取另一塊氟碳樹脂烤盤，用**3**剩下的泡芙麵糊，擠12顆直徑約3cm的圓形。

※稍微多擠幾顆備用。

8

用毛刷將**7**塗抹蛋液，接著用叉子在表面壓出格紋形狀。

9

放入上下火皆為200℃的烤箱烘烤約15分鐘後，把上下火降至180℃，繼續烘烤23分鐘。出爐後置於網架，室溫下放涼。

10

用圓錐花嘴的尖端在**9**的底部挖洞。

11

將卡士達醬倒入料理盆，以刮刀拌至滑順。接著填入裝有直徑5mm圓形花嘴的擠花袋，少量逐一擠入**10**的泡芙中。

※少量即可。過量反而會使焦糖吸收卡士達醬的水分導致融化。

製作
希布斯特奶油餡

1

將牛奶、香草莢和香草籽放入銅鍋，以小火加熱至沸騰。

2

將蛋黃、精製白糖倒入料理盆，以打蛋器貼著盆底攪拌到顏色泛白。加入篩過的高筋麵粉，繼續攪拌直到看不見粉末。

組合2

1

將〈組合1、烘烤〉步驟**11**的小泡芙烤面稍微浸入焦糖中，接著放至烤盤，並維持烤面朝下，讓焦糖凝固。

2

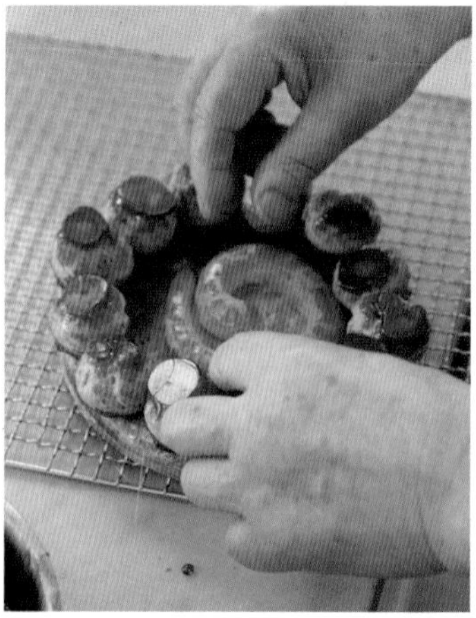

將**1**上下翻面，讓沾有焦糖那面朝上。底部沾點焦糖後，排列黏在〈組合1、烘烤〉步驟**6**的泡芙外圈上。

製作焦糖

1

將精製白糖、水飴、水倒入銅鍋，以大火加熱，加熱時要邊用打蛋器攪拌。變成深褐色後即可關火，持續攪拌，利用餘溫讓焦糖繼續焦化。

完成

1

用刮板在〈組合2〉步驟**2**的中間放入滿滿的希布斯特奶油餡，再以抹刀塑型出微微隆起的山形。

2

將剩餘的奶油餡填入裝有聖安娜花嘴的擠花袋，並在**1**擠出箭羽形狀。

3

將1/3的**1**加入**2**，充分拌勻。

※**1**的銅鍋還是要繼續以小火維持溫度。

4

把**3**倒回**1**的銅鍋並攪拌，轉成大火，邊用打蛋器攪拌邊加熱至沸騰。當攪拌時的阻力變小，手感變輕盈時即可關火。

※攪拌到阻力徹底變小，用打蛋器撈起時能滑順地持續垂滴落下。

5

加入泡水變軟的吉利丁片，以打蛋器攪拌使其溶化。移至大料理盆，取出香草莢，再以打蛋器稍作攪拌，使溫度不燙手。

6

立刻加入1/3的義式蛋白霜，充分拌勻。加入剩餘的蛋白霜，以刮板從底部撈起的方式稍作翻拌。

※若不趁熱拌入義式蛋白霜，希布斯特奶油餡的質地會變得沉重黏膩。在完全拌勻之前就要停手，以免氣泡消失。

邁上甜點職人之路，以及前往法國

1

1）從廚師轉換跑道成為甜點師，進入「米津凮月堂」。當時就算工作期間也穿著沙灘夾腳拖鞋。

2）中間為河田本人。站在最前方的勅使河原先生不只受愛戴，工作能力也很強。

2

3

4

3）1967年前往法國。進入第一間修業甜點店「西達（Syda）」工作首日。與店長攝於店門前。要在同事皆為法國人的環境工作感到緊張。

4）與「西達（Syda）」工作能力最強，負責熱前菜的廚師米歇爾合影。當時，米歇爾的年紀比河田稍長，約25歲。下班後會一起去咖啡店、有時也會去米歇爾家吃晚餐。

6

5

5、6）攝於進入「西達（Syda）」工作首日的廚房。當時正值中午，各部門的廚師會齊聚用餐，看見全部的人都在喝紅酒感到驚訝。最右邊的西班牙籍廚師幫我訂好在法國期間的飯店。

Column

7）利用午餐時間讀書的河田。「西達（Syda）」是間大型甜點店，共7層樓高，規模之大令人咋舌。

8）受到1968年五月革命的波及失去工作，於是騎著自行車前往南法馬賽。照片裡的是種桃農戶家族。回到巴黎後，又再次前往道謝並於當時合影。

7

8

Confiserie
手工糖果

手工糖果的世界充滿吸引力，裡頭有著甜點師工作的根本

Confiserie

前往法國的隔年（1968年），我因為五月革命失去了工作，於是決定讓自己踏上放浪之旅。利用幫忙採收桃子和釀酒用葡萄的方式勉強維生，完完全全地回到巴黎已是半年之後。不過，當時還無法讓自己重新回歸甜點店，心中仍帶點小小的抗拒，於是選擇了製作手工糖果的工作。

現在雖然數量已經明顯少了許多，但當時巴黎可開了很多間手工糖果或杏仁糖專賣店。展示窗裝飾著用糖漬水果或杏仁糖（Dragée）做成的花束，周圍則擺放著法式軟糖及夾心巧克力，看起來非常漂亮。與當時依然如故、毫無進步的甜點業界相比，手工糖果可說魅力十足呢。

於是，我進了在巴黎擁有5、6間店鋪的「沙拉邦（Salavin）」工廠工作。當時會用有著長達5m臂桿的機器將糖果拉長展延，也會用帶有巨大滾筒的機器製作大量堅果醬。還有，如果把飴糖倒入大小約2m，會不斷旋轉的滾筒裡，另一側就能直接跑出翻糖成品。進了「沙拉邦（Salavin）」才知道，為了讓糖果乾燥，還須刻意維持較高的室溫，很多

事情都不曾聽聞，所以非常有趣。然而，持續操作機械後，我卻又開始想念甜點店的手工作業，約莫做了半年就辭去工廠工作。

事後才後悔「早知道當時就該多做點筆記！」手工糖果既是甜點店會接觸到的品項之一，身為甜點師必須與糖為伍，因此也是工作的根本，這更意味著了解手工糖果是多麼地重要。而當時的我，竟然沒有意識到，有很多知識只有在手工糖果專賣店才學得到。

不能只有甜，
手工糖果還必須呈現出素材本身的風味

手工糖果的糖度高，保存期限相對較長，但甜味的確非常強烈。不過，當中還是有能展現出其他風味，而不是只有甜的方法。那不僅是製作手工糖果時，運用糖這項素材的技術，更是身為職人所具備的功夫。就連翻糖也是，當各位吃下師傅手工搓揉半小時做好的成品時，一定都會說「怎麼有辦法變得這麼不甜？」不同於出自工廠的死甜，手工糖果的甜很純淨，也很醇和。只要水果和糖充分結合，協調度十足，無論是糖漬水果還是法式軟糖，都能確實呈現出水果風味及新鮮感受。對我而言，如果入口時，甜味滲入齒縫間的感受比素材的美味更加強烈，那就是失敗的手工糖果。

２００７年，我在廚房邊角打造了一間盼望許久的手工糖果專用室。裡頭擺有能讓糖果維持一定溫度的工作桌及真空烘烤爐，牆壁還鎖上拉糖時

店內售有多種手工糖果。「黑棗夾心糖」（Pruneaux fourrés）會在半乾的黑棗填入杏桃和蘋果果醬。「貝蘭蔻糖」（Berlingot）則會用拉糖包住覆盆子、無花果果醬或蜂蜜。「南錫佛手柑糖」（Bergamote de Nancy）是佛手柑風味的流糖（Sucre Coulé）。「可利頌杏仁糖」（Calissons d'Aix）則一種普羅旺斯地區的鄉土甜點，會把杏仁、薑泥、砂糖混合成膏狀後，再抹上蛋白糖霜。

Confiserie

要用到的掛勾呢。另外，還裝設了室溫維持25℃、濕度40%的乾燥庫房。

不同於工廠生產，我希望能透過自己的方式，結合甜點店才有的知識、技術及思維，提供客人能感受到素材風味的「美味」手工糖果。糖的處理方式會改變成品的口感與樣貌，而手工糖果的有趣之處，還在於它無法讓你打混過關。如果能把手工製作的糖漬品、果醬、堅果醬、翻糖加以組合，那麼味道的呈現也會更加多元。舉例來說，在貝蘭蔻糖（Berlingot，帶有線條造型的四面體糖果）填入果醬、法式軟糖，讓口感及味道產生變化，或是用各種糖漬水果製成可利頌杏仁糖，增添不同的風味樣貌。我在製作手工糖果時會感到非常愉快，因為鄉土甜點也可見許多手工糖果，所以能喚起我在法國各地相遇的滋味回憶，將其加以重現，並讓成品水準更為進化。

我對於現代人不太喜歡甜食，使得手工糖果專賣店逐漸式微的趨勢感到惋惜。正因如此，我才會更希望客人們能體認到手工糖果不同於工廠產品的美味及樂趣。我也會抱著這個心願，繼續製作手工糖果並享受其中。

Berlingot

貝蘭蔻糖

〔 材料 〕

覆盆子貝蘭蔻糖　*framboise*

1.5×1.5cm、約200顆分

精製白糖　*sucre semoule*　500g

水飴　*glucose*　100g

水　*eau*　200g

紅色色素*1　*colorant rouge*　適量Q.S.

檸檬酸　*acide citrique*　4g

帶籽覆盆子果醬*2（→「基本」P.163）
confiture de framboise pépines　100g

*1　用少量的伏特加稀釋。
*2　隔水加熱至接近皮膚的溫度。

杏桃貝蘭蔻糖　*abricot*

1.5×1.5cm、約200顆分

精製白糖　*sucre semoule*　500g

水飴　*glucose*　100g

水　*eau*　200g

紅色色素*1　*colorant rouge*　適量Q.S.

黃色色素*1　*colorant jaune*　適量Q.S.

檸檬酸　*acide citrique*　4g

杏桃果醬*2（→「基本」P.163）
confiture d'abricot　100g

*1　分別用少量的伏特加稀釋。
*2　隔水加熱至接近皮膚的溫度。

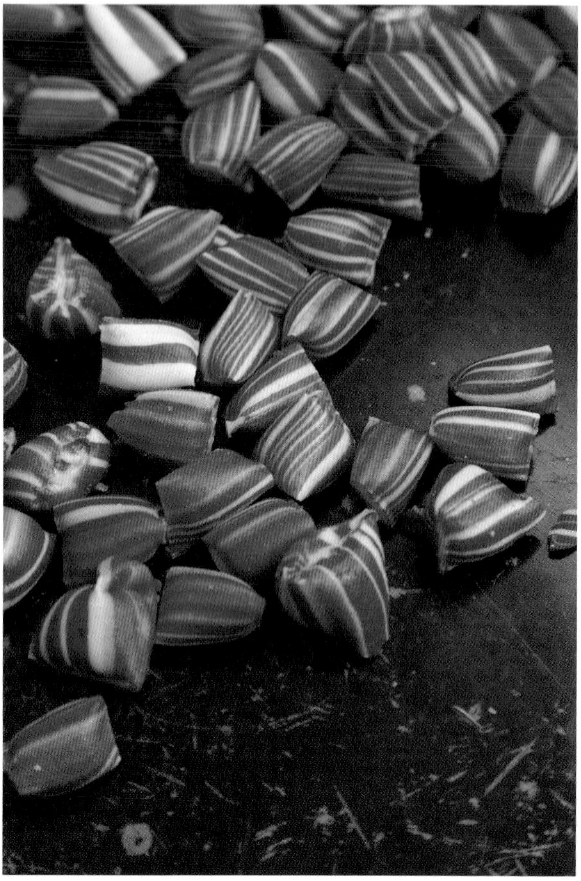

1

製作飴糖。將精製白糖、水飴、水倒入壓力鍋，以較大的中火加熱約8分鐘。煮滾後，當蓋子上方的洩壓閥噴出熱氣時，就能關火。置於室溫放涼，直到用手按洩壓閥，或是將鍋子傾斜都不會有蒸氣散出。

※用壓力鍋煮過後加以靜置，不僅能砂糖、水徹底融合，增加延展性，糖漿也不會變得黏稠，還能維持亮澤度。但如果放超過24小時仍會變稠，並有損亮澤。

2

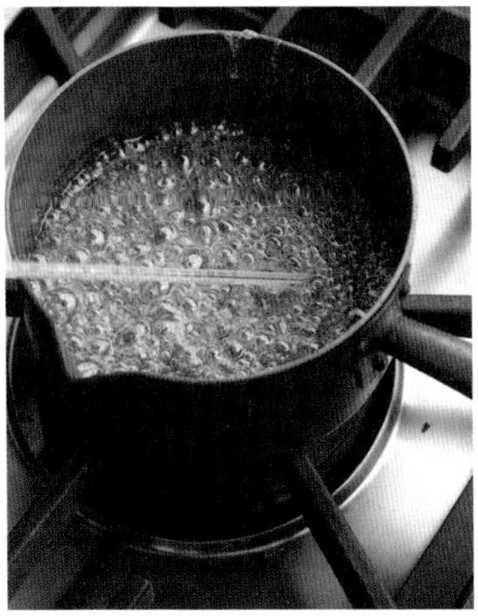

將**1**倒入銅鍋，開火加熱至163℃讓汁液收乾。

3

在保溫工作桌鋪放2塊Silpat矽膠墊。1塊倒入3/4的**2**（A），另1塊則倒入剩餘1/4的**2**（B）。B會添加色素。接著須由2人分工，同時進行A和B的作業。

4

可放在冷卻工作桌降溫，或是放回保溫工作桌拉高溫度，視需求加以調整。

5

戴上防燙手套，當A、B分別能從邊緣掀起時（大約是100℃），就可以個別加入半量的檸檬酸。

6

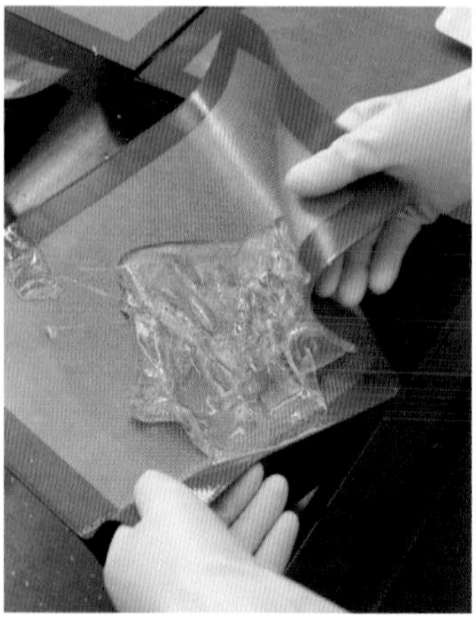

把飴糖連同矽膠墊整塊拿起，翻折集中後，再用手搓揉成條狀。過程中可視情況稍微放在冷卻工作桌降溫。

7

重複拉長折疊的動作，讓飴糖含有空氣，且帶金屬光澤。如果變得太硬，可稍微微波加熱，調整成容易塑型的硬度。

8

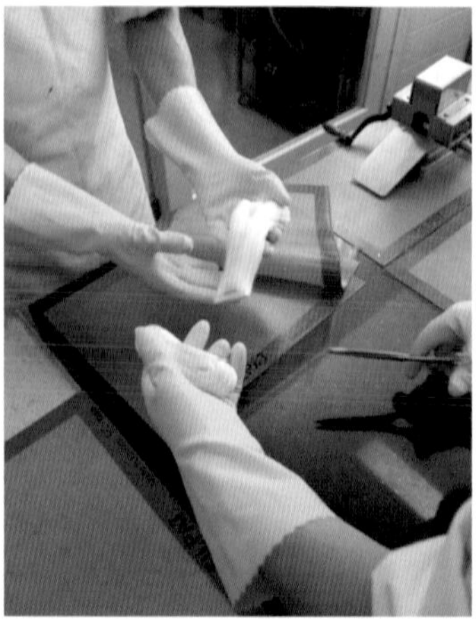

用剪刀將A分成3/4（A-a）和1/4（A-b）的分量。

9

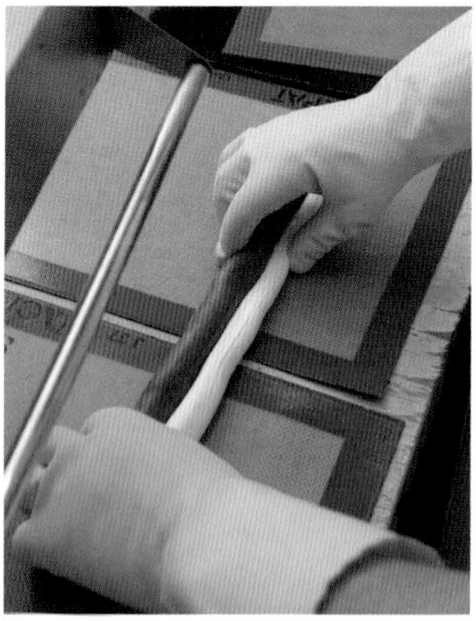

將A-b和B擺上鋪有矽膠墊的保溫工作桌，搓成等長的細條狀後，將2條貼合。輕拉兩端展延，接著用手指壓平。

10

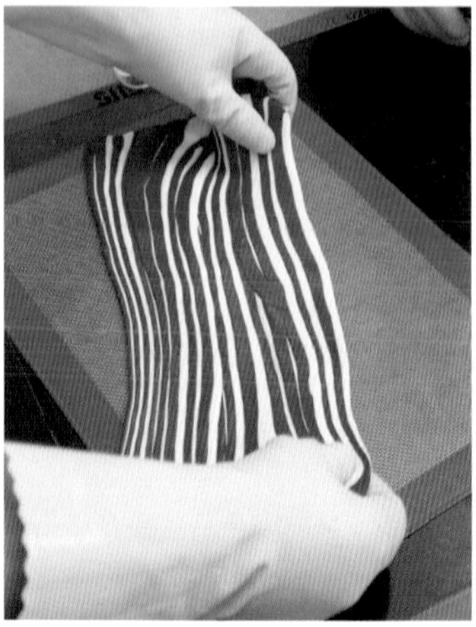

將**9**對切成半後並排，繼續貼合、壓平，讓長度展延至30cm。接著重複步驟，切半、貼合、壓平，讓長度再次變成30cm。繼續重複2次作業（變32層），按壓成35×15cm左右的長方形。

11

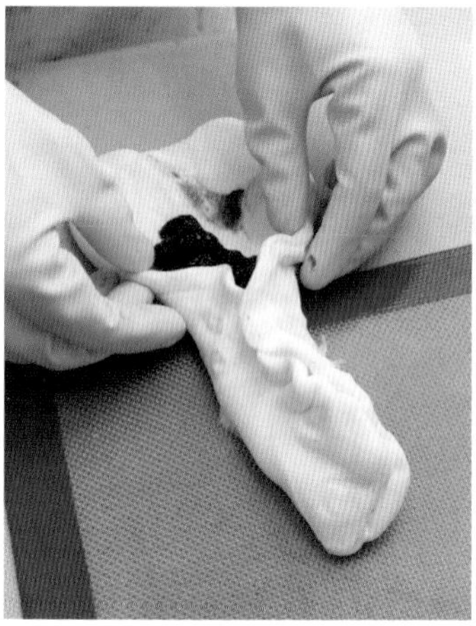

進行步驟**9**、**10**的同時，將步驟**8**的A-a推開，做出比**10**小一圈的長方形。將邊緣稍微立起，接著倒入加熱至接近皮膚溫度的果醬。邊緣折起包住果醬後，將飴糖確實捏合。

12

放上矽膠墊，搓成條狀。將飴糖條左右內折三等分，繼續放在矽膠墊搓揉成30cm條狀。

13

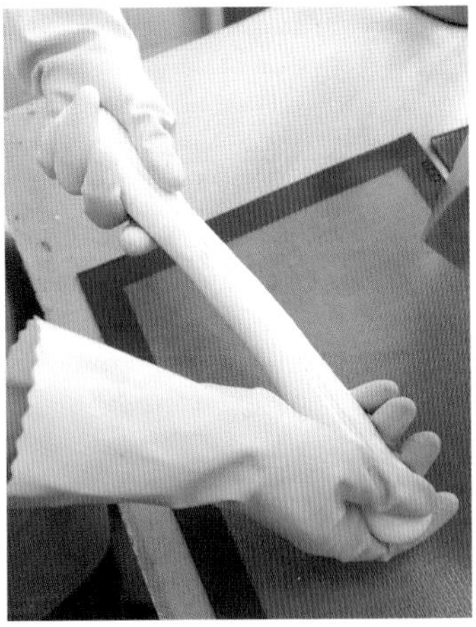

將**12**的飴糖拉成3倍長後，折成二等分，並再次搓揉成30cm條狀。

14

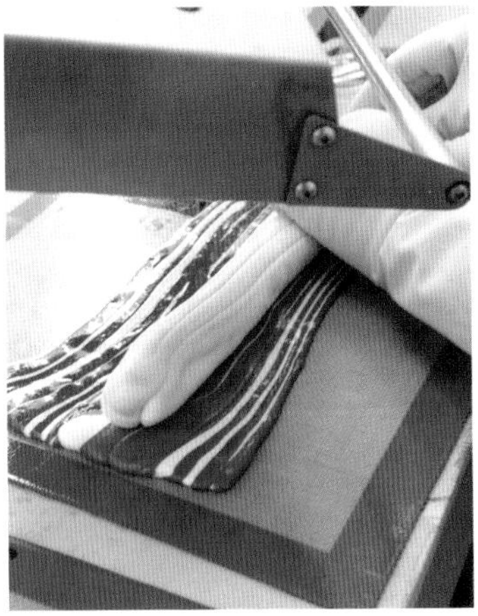

將**13**擺在**10**之上，從手邊握住鋪放在下面的矽膠墊邊緣，並將飴糖連同墊子往前捲。

15

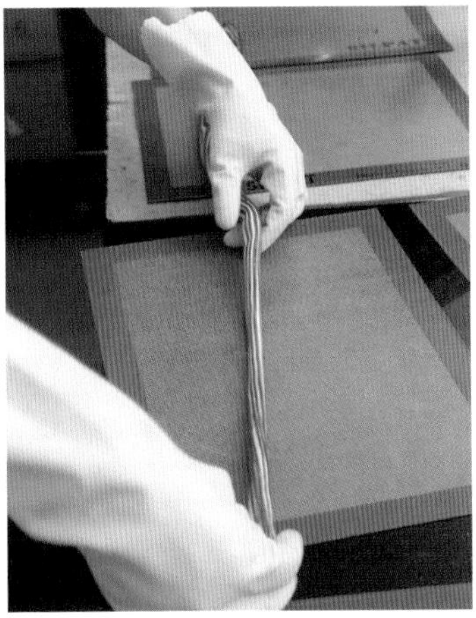

在鋪了矽膠墊的保溫工作桌搓揉飴糖，讓兩邊徹底貼合。雙手握住，將飴糖均勻拉成粗度一致，直徑約1.5cm的條狀。

16

用貝蘭蔻糖切糖機（專門切貝蘭蔻糖的設備。若沒有可用剪刀），將飴糖壓切成寬度約1.5cm的正四面體。放在冷卻工作桌降溫。

※專用切糖機能把糖果壓成寬1.5cm左右的連塊狀，讓分離作業更輕鬆。

17

糖果變硬、變得不燙手後，即可稍微拿高摔放，糖果就會從輾壓處一塊塊分離。

Pruneaux Fourrés

黑棗夾心糖

〔 材料 〕

32顆分

糖漬黑棗 *pruneaux confits*

水 *eau* 200g

精製白糖 *sucre semoule* 600g

半乾黑棗（去籽）*pruneaux* 32粒

內餡 *garniture*

杏桃果肉（冷凍）*1 *pulpe d'abricot congelé* 250g

蘋果果肉（冷凍）*1 *pulpe de pomme congelée* 125g

精製白糖*2 *sucre semoule* 320g

果膠粉*2 *pectine* 5g

柑曼怡香橙甜酒 *Grand-Marnier* 20g

*1 分別剁成適當大小。

*2 拌勻。

製作糖漬黑棗

1

製作糖漿。將水、精製白糖倒入銅鍋，開火加熱。沸騰後即可關火。

2

趁熱加入半乾的黑棗。

3

放上防溢片，將火轉至最小。當水微微滾沸，黑棗膨脹時即可關火。置於室溫，放涼至不燙手。

4

過濾並取出黑棗。

製作內餡

1

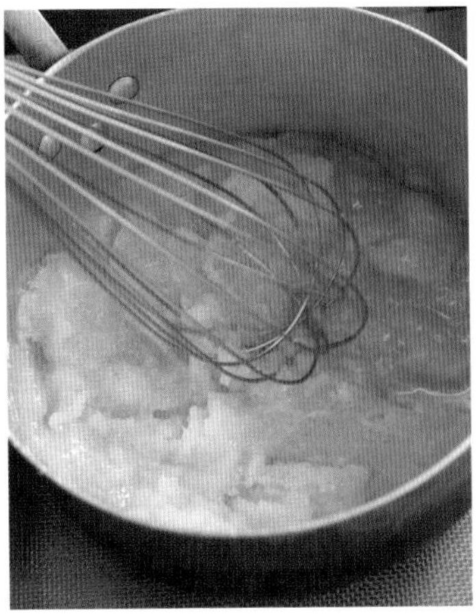

將杏桃和蘋果的果肉丁放入鍋中，開中火加熱，並以打蛋器攪拌。

2

將拌勻的精製白糖和果膠粉加入**1**，邊攪拌邊加熱至105℃。

組合、完成

1

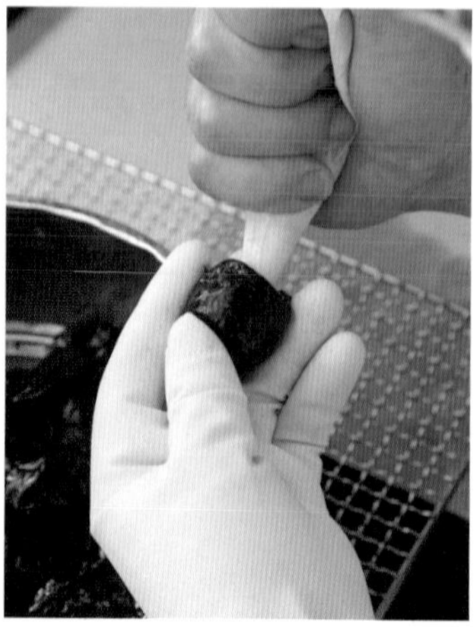

將內餡填入裝有直徑6mm圓形花嘴的擠花袋，從糖漬黑棗去籽後留下的孔洞擠入15g內餡。

3

加入柑曼怡香橙甜酒調整味道。

4

倒至料理盤，用保鮮膜服貼密封，置於室溫放涼。

Charlotte de Pommes

蘋果夏洛特

即便過了2個世紀仍持續綻放不變的魅力，偉大料理人的甜點就是充滿感動

說到夏洛特蛋糕，大家腦中應該都會浮現出圓形烤模周圍貼上一圈手指餅乾（Biscuits à la cuillère），中間再填滿慕斯或水果的模樣吧。

但其實夏洛特蛋糕的造型，應該是參考了20世紀中期開始展露名聲，人稱「Nouvelle Patisserie（全新甜點）」先驅者，也就是尚・米勒（Jean Millet）先生的洋梨夏洛特（Charlotte aux poires）。這道甜點在我正好於法國工作時登場，口感輕盈美好且最新穎的滋味立刻廣獲人氣，在巴黎造成大流行。餅乾周圍捆繞緞帶的作法也很時尚呢。

不過，夏洛特蛋糕原本不是用圓形烤模，而是使用底窄口寬、帶有把手，形狀為圓筒狀的夏洛特烤模。這款蛋糕的原型構想，出自我內心尊敬、憧憬不已，19世紀初的偉大料理人—卡萊姆（Marie Antoine Carême）。在他的著作《Le Pâtissier Royal Parisien》（巴黎的宮廷甜點職人）中，大約提到9種夏洛特蛋糕的食譜。在手指餅乾圍成的容器中填入巴伐利亞奶油（Bavarois）或慕斯的「Charlotte a la Parisienne（巴

 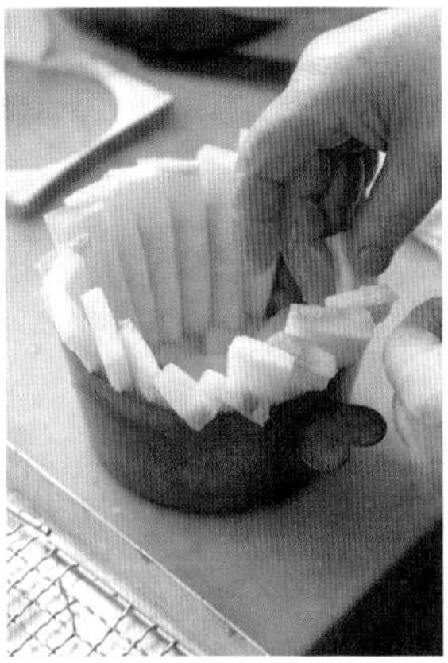

Charlotte de Pommes

黎風夏洛特）」以及「Charlotte Russe（俄羅斯風夏洛特）」屬於生菓子（濕糕點）。另外，還有在烤模貼上塗抹奶油的吐司，填入糖煮蘋果和葡萄乾後進爐烘烤的「蘋果夏洛特＝雷內特（使用雷內特Reinette品種蘋果的夏洛特蛋糕）」，這就屬於需烘烤的類型。

雖然卡萊姆這本書已超過２００年的歷史，照著內容做出的成品其實都還蠻成功的。蘋果夏洛特＝雷內特帶有奶油香氣的硬脆吐司和酸甜的蘋果滋味摻雜在一起，十分美味。我必須說卡萊姆真的很厲害，不僅在那個年代留下多本著作，到了今日仍被許多人繼續閱讀著。將自古流傳下來的料理與甜點建立出系統架構，並從建築的觀點審視外觀和組合方式，實在佩服。閱讀時還能感受到卡萊姆充沛的能量，讓人也跟著澎湃不已。

卡萊姆的書中
藏著許多甜點製作的線索

我第一次購入卡萊姆的書籍，大概是在法國待了６～７年的時候。當初花了２～３年的時間一直尋找，但因為卡萊姆的書太珍貴又很受歡迎，幾乎不太能在市面上看到，價格更相當於我那時４～５個月的薪水。即便如此，我還是很想購買，甚至到處跟書店說，如果有進貨的話請聯絡我。也因為努力尋找的緣故，我終於在旅法期間收集到卡萊姆的所有著作。拿到手的時候，真是開心到難以形容。就算是拿到時已經損毀解體的著作，我

重現19世紀料理人─卡萊姆的「蘋果夏洛特＝雷內特」。用紅玉蘋果取代原本的雷內特品種。在夏洛克蛋糕烤模貼上浸過融化奶油的吐司薄片，接著填入糖煮蘋果，蓋上吐司後，進爐烤熟。如果再加點桑特醋栗或杏桃果醬，風味會變得更有深度。

也會特別請專門修理舊書的店家進行修補，在下班或休假日完全投身書海之中。

令我最難忘的，是在我第一次拿到卡萊姆著作的時候。當時我任職於「柏蒂與夏博（Potel et Chabot）」，並參與了以卡萊姆為主題的宴會規劃。我和夥伴們一起用捏糖、糖片（Pastillage）製作出有瀑布造景、鋪了石子的大型甜點藝術裝置（Pièces Montées），看起來就像是從卡萊姆的書中跑出來一樣。作法當然也遵照卡萊姆書中撰寫的方式。就連排列擺放的甜點，例如迷你塔（Tartelette）、法式酥盒派（Vol-au-vent）、布丁等等，也都以卡萊姆的食譜重現。我至今仍記得，那時的夏洛特蛋糕看起來好時尚，就像是一幅畫。

其實，我也就這麼一次的經驗，有幸在現實生活中，一起參與打造出只能從書中想像的卡萊姆世界，這如夢般的經驗實在讓人感動。

即便到了今日，當我工作結束或想找些甜點的新靈感時，都還是會翻翻卡萊姆等人所寫的古書。這類書籍不像現代食譜有圖片，插圖也是黑白的，卻也因為無法具體展現出成品就是「長這樣」，加大了讀者的想像空間。雖然是年代久遠的書籍，卻隱藏著大量新線索，能讓甜點師有更多元的發揮。像這樣想像完成的成品非常愉快，閱讀的同時，我腦中也會不斷浮現自己的點子，並在腦海中品嘗兩者結合所誕生的甜點。對我來說，是多麼愜意的時光啊。

Charlotte de Pommes

蘋果夏洛特

〔 材料 〕

口徑14（底部直徑12）×高8cm的
夏洛特蛋糕烤模、1個分

糖煮蘋果 *compote de pommes*

蘋果（紅玉） *pommes* 4粒（淨重約550g）

精製白糖 *sucre semoule* 100g

水 *eau* 200g

※可依喜好添加25g的桑特醋栗（*raisins de corinthe*）
和50g的杏桃果醬。

吐司（12片切包裝） *pain de mie* 約11片

奶油 *burre* 約200g

製作糖煮蘋果

1

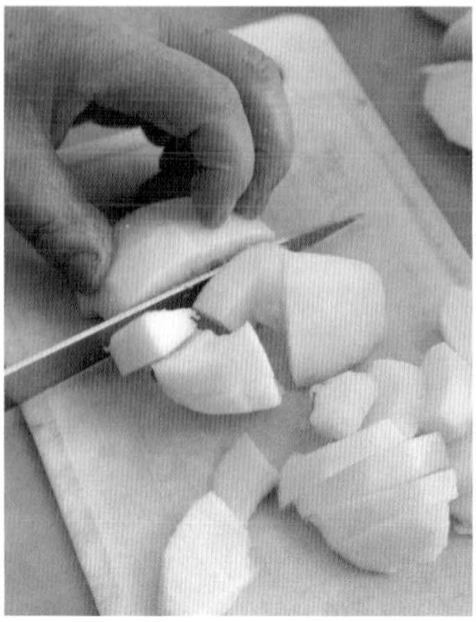

蘋果削皮，對半縱切，去除芯和蒂頭。接著再縱切成半，並片成約1cm厚的扇形。

2

將精製白糖、水倒入鍋中開火加熱，沸騰後加入**1**。用挖洞的鋁箔紙做成防溢片，以小火煮至全部變軟。放上濾網瀝掉汁液。

※若要添加桑特醋栗，則須和蘋果一起烹煮。煮軟後，瀝掉汁液，加入杏桃果醬一起拌勻。

組合、烘烤、完成

1

用鋸齒刀將1片吐司劃十字，切成四等分的方形。接著取另外6片吐司，用鋸齒刀切掉邊緣後，再縱切成四等分的長條形（每條大小約9×2.5cm，會有24條）。

2

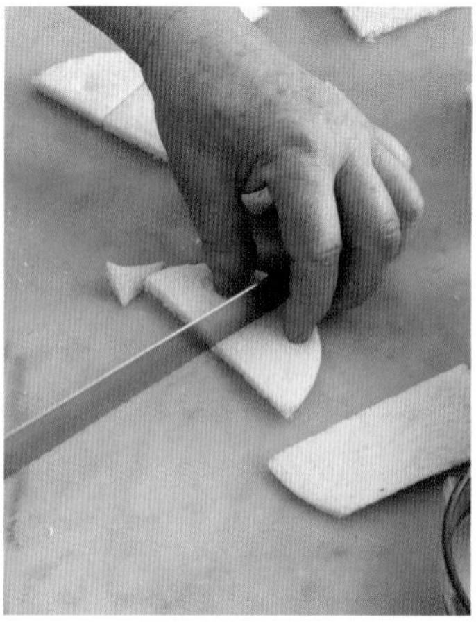

用直徑10cm的圓模將3片吐司壓出圓形。再以鋸齒刀劃十字，切成四等分的直徑4cm扇形（需準備10片扇形）。另外再用菊花形模具將1片吐司壓出形狀。

3

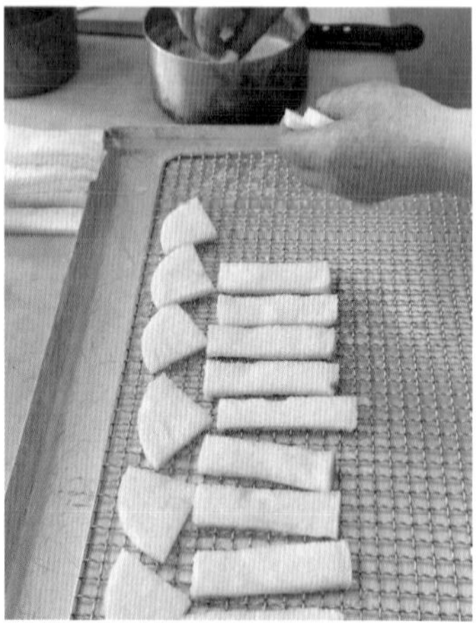

把奶油放入鍋中加熱融化。放涼不燙手後，將**1**的長條形和**2**的吐司一片片浸入奶油中，接著放在網上。

4

將**3**的10片扇形吐司，在夏洛特蛋糕烤模的底部以稍微重疊的方式繞出圓形，吐司間不可有空隙。中間則蓋上步驟**3**的菊花形吐司。

5

將**3**的24塊長條形排列貼在**4**的側面，每塊都要稍微重疊。

6

把瀝乾汁液的糖煮蘋果塞滿**5**。

7

將步驟**1**沒有切邊的四等分方形吐司，以及步驟**2**切成適當大小的剩餘吐司堆疊擺放覆蓋。

8

放入上下火皆為180℃的烤箱烘烤1小時15分，要烤到側面的吐司也變色。接著放至冰箱冷凍徹底冷卻。

9

先拿掉步驟**7**蓋在上方的吐司，用水果刀切掉側邊高度比蘋果還高的吐司。

10

用直火稍微加熱烤模，放上紙托，上下顛倒，讓蛋糕脫模。

Puits d'Amour

焦糖奶油酥塔

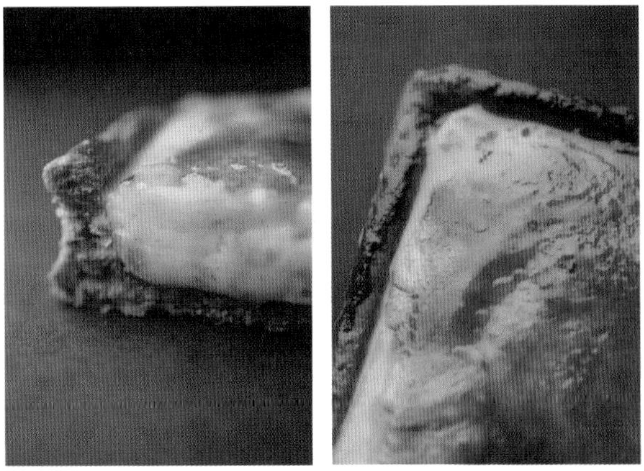

Puits d'Amour

在焦糖奶油酥塔評價很高的老店，學會身為職人的氣概與廚師應有的處事方式

無論是甜點店還是麵包店，現在的人都會覺得是份很厲害的工作，但我還是認為，這不過是份需要勞力的工作罷了。當我1960～1970年代在法國工作時，店內廚房所有人營造出的也是這樣的氛圍。

就連位在巴黎16區的「柯克蘭艾內（Coquelin Ainé）」也是。這是間非常忙碌的甜點店，到了週末甚至會綿延超過100m的人潮。店內填滿大量栗子奶油霜的「Bombe Coquelin」、巴巴、塔類甜點當然很受歡迎，但最賣座的其實是「焦糖奶油酥塔」，光一個上午可能就會賣出200個。焦糖奶油酥塔是將千層酥皮麵團進爐烘烤成容器形狀，接著填滿卡士達醬，再讓表面焦化，這種甜點的作法雖然簡單，卻深受所有人喜愛。

巴黎老店「Stohrer」、「Bourdaloue」的焦糖奶油酥塔也很有名，在柯克蘭艾內（Coquelin Ainé）則是會做成四方形的餐後甜點。

想到焦糖奶油酥塔，我還會跟著回憶起柯克蘭艾內的甜點主廚法蘭索瓦

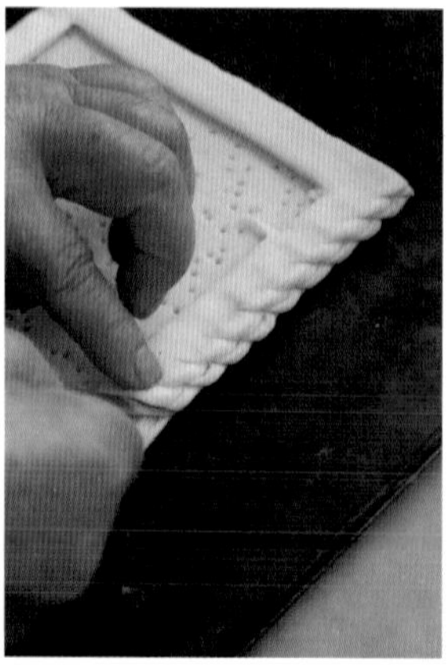

（François）。這位主廚有點駝背，瘦瘦的，個性很文靜，是位年約70歲的溫厚爺爺。不過，當他開始工作時可厲害的呢！我們這群甜點師一早6點進到廚房時，就會看到法蘭索瓦一個人已經把法式修頌（Chausson）、皇冠杏仁派（Pithiviers）、塔類等需要烘烤的品項全部烤好。我看他大概3、4點就已到店裡工作了吧。原以為法蘭索瓦會高高在上什麼事情都不做，但其實他的手腳之快，我可是完全追趕不上。身為廚師，自己帶頭徹底投入工作的姿態至今仍是我要學習的榜樣。

在巴黎，在那個手工製作仍是理所當然的年代，親眼看見職人是如何工作的

不只是法蘭索瓦，其他甜點師們工作起來也都很勤奮。當時廚房沒有什麼厲害的設備，就連千層酥皮麵團也都必須用手推擀。專責製作麵團的師傅（trie）會把麵團放在麻布上，用擀麵棍推啊推地擀開來，那速度快到令人咋舌！就連馬卡龍也是當天現做，只要開始製作，大夥兒就會同步作業。用手拌勻麵糊，擠在烘焙紙上，進爐烘烤後，在烘焙紙下方沖水，全部的馬卡龍就會一口氣脫落，接著再擠入內餡。其實不只有烘烤類甜點，就連小蛋糕的種類也非常多樣，11點前所有人都會忙到不可開交，猶如一場大型戰爭。焦化奶油酥塔表面是我負責的工作，鑄鐵爐裡插入10多支的

方形的餐後甜點就跟當年在巴黎研修「柯克蘭艾內（Coquelin Ainé）」學會的一樣。用酥皮麵團做出方形容器，抹上散蛋液，接著進爐烘烤。出爐後，擠入加了香草莢充分烹煮過的卡士達醬，最後撒上精製白糖，並用烤過的烙印模使白糖焦化。最裡頭徹底烘烤過，千層酥皮的香氣和卡士達醬的濃郁完整結合，完成後1～2小時品嘗最美味。

Puits d'Amour

烙印模，我在上午會獨自一人不停地執行這項作業約2小時。

烙印作業結束時就會進入午休，大夥兒一起吃著員工餐，還能視自己的情況飲用紅酒或啤酒呢。就當時來說，所有的甜點師都認為這樣很理所當然，甚至有人從早就開始邊喝邊工作的。我一喝酒會無法工作，自然就沒有喝。想當然耳，大家到了下午都會變得懶散。連法蘭索瓦也會喝醉，甚至常打瞌睡呢。法蘭索瓦喝醉的模樣實在太有趣，有時還會故意叫他去做追加的焦化奶油酥塔，結果他邊打瞌睡邊做，竟然把整支烙印模插進卡士達醬，惹老闆生氣，大夥兒則是邊笑邊看這過程。沒錯，法蘭索瓦就是如此地親切，受人愛護。

即便時代改變，我自己還是比較喜歡這種需要勞動，以職人精神工作的廚房氛圍。只要不停地動手作業，不必煩惱一些無聊的事，甚至沒有閒暇之餘去思考道理，感覺就是一股腦地投入工作中。如果能像這樣逐漸熟悉作業，就算是討厭這份工作的人，也能記得工作內容。有時看著因為煩惱不知該如何是好的年輕孩子，都會想問他「你究竟是想做？還是不想做？想清楚點！」雖然有些孩子會因為太辛苦而放棄，但我認為「工作本來就不是能耍帥的事。現在或許很辛苦，但只要撐個10年，你就能體會到一路走來的意義。那麼工作起來也會變得很愉快，所以一定要加油啊」。我接下來也沒打算改變這樣的廚房氛圍及模樣，不過，隨著年紀增長，我的模樣卻變得圓潤許多呢。

Puits d'Amour

焦糖奶油酥塔

〔 材料 〕

17×17cm、2個分

千層酥皮麵團（摺三折，共六次）
（→「基本」P.167） *pâte feuilletée* 約500g

卡士達醬（→「基本」P.162）
crème pâtissière 約600g

塗抹用蛋液（全蛋）
dorure (œufs entiers) 適量Q.S.

30度波美糖漿（→「基本」P.169）
sirop à 30° Baume 適量Q.S.

精製白糖 *sucre semoule* 適量Q.S.

組合1、烘烤

1

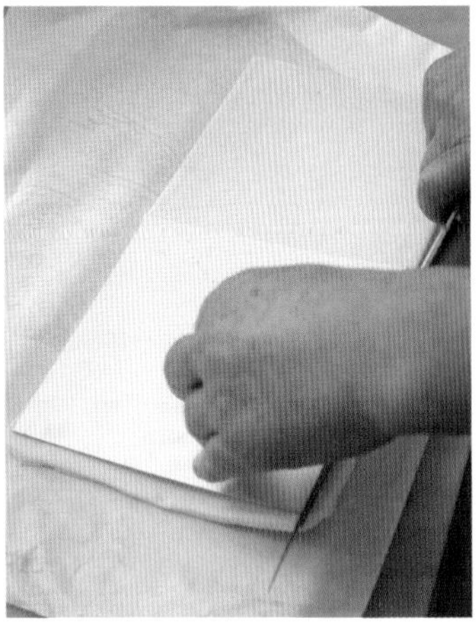

將一半的派皮麵團用壓麵機壓成3mm厚，剩下的麵團則壓成5mm厚，分別切成36×20cm的長方形（接著會切成2片17×17cm的正方形），用保鮮膜包住，放置冰箱冷凍至少2小時。

2

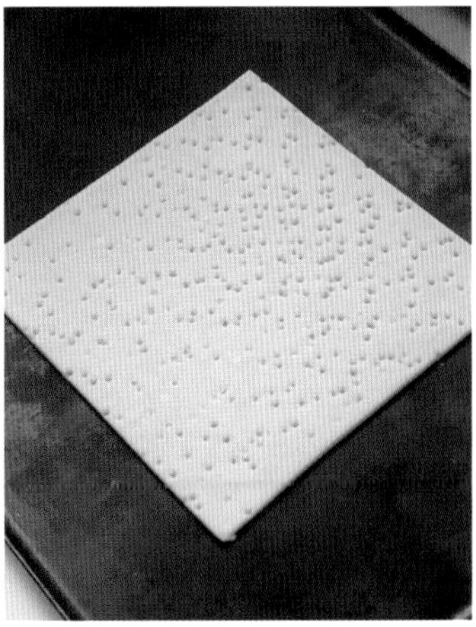

將步驟**1**的麵團分別切成17×17cm的正方形（一份奶油酥塔會使用一片）。將厚3mm的麵團戳洞並放在烤盤上。

3

將步驟**2**切成17×17cm的5mm厚的正方形麵團沿著對角線折起。沿著非折線的兩個等邊，於內縮2cm處下刀，切出三角形。攤開切下的外圍麵團，就是一個寬2cm的外框。

4

繞著步驟**2**麵團的外圍塗抹蛋液，塗抹寬度必須超過2cm。擺上**3**，用手掌輕壓使其貼合。

5

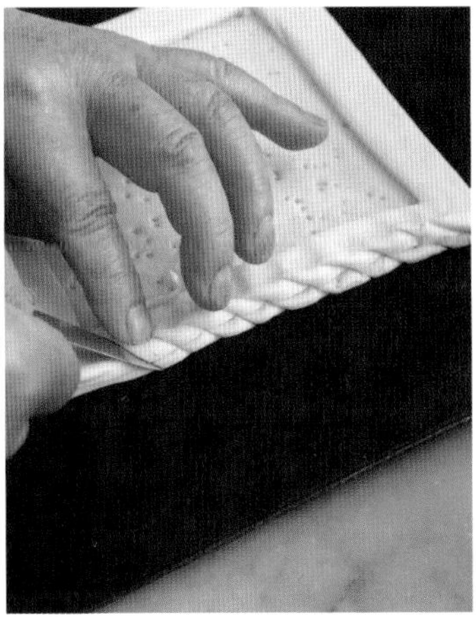

邊用食指壓著重疊的麵團邊緣，邊以水果刀刀背從麵團側邊壓出明顯痕跡，畫出交叉線條。

※感覺就像在打皺摺。

6

用毛刷在邊框麵團塗抹蛋液。

組合2、完成

1

將卡士達醬放入料理盆拌至滑順，接著大量擠入已經不燙手的酥皮容器中。用抹刀刮抹，讓容器邊角也都填滿卡士達醬，最後稍微刮平表面。

2

在卡士達醬上均勻撒滿精製白糖，以加熱過的烙印模按壓使其焦化。再繼續此步驟2次（總計3次）。

7

放入上下火皆為180℃的烤箱烘烤35分鐘，過程中如果底部膨起，可用鍋鏟柄壓平。

8

出爐後，趁熱以毛刷塗抹30度波美糖漿，置於烤網放涼。

Pithiviers

皇冠杏仁派

杏仁的味道與香氣直接和美味相接，素材加工後更突顯風味

皇冠杏仁派是源自位在巴黎和奧爾良（Orléans）之間，一個名叫皮蒂維耶（Pithiviers）小鎮的鄉土甜點。我造訪這裡時並不常看見這款甜點，但巴黎的甜點店基本上都會賣皇冠杏仁派。不置可否的是，它真的很美味，我也很愛，所以店裡也都一直有皇冠杏仁派。

每年1月6日主顯節（Epiphanie）會吃的國王派（Galette des Rois）形狀扁平，皇冠杏仁派就明顯厚了許多。首先，要用180～200℃的溫度烤出扎實的厚度，就連膨起側面也要確實烤出顏色，掌握那剛剛好的時間點可說非常重要，烤太久的話反而會過度酥脆。接著在表面塗上蛋液，繼續用250℃的溫度確實烤出亮澤，這是烘烤派皮麵團的鐵則。就算烤色不深，只要出爐現吃基本上還是能感受到奶油飄散出的美味香氣，但放置一段時間冷掉後，澱粉會開始劣化，使口感變得很粉，所以我認為一定要充分烘烤至顏色明顯。

烘烤工作是決定店家風味的重要關鍵，以甜點業來說，更是最辛苦的工

Pithiviers

作。就連我在法國期間，廚房裡負責烤爐的人也被認為是最重要的存在。無論哪間甜點店，負責的都會是資歷悠久的老爺爺，基本上很難有機會讓我這種新進的日籍人員接觸。再者，當時的冷凍庫不如現在普及，必須把現做的麵團當天烤完賣光，所以上午的烤爐真的是忙到不可開交。

當時的烤爐基本上都是石窯，一層大約能放入12塊烤盤，會有顆小旋鈕設定每層的溫度，為了省電，一般都會利用晚上蓄電，白天補充溫度。各種麵團會不斷放入窯爐中，所以必須思考烘烤順序和火候，同時掀開爐門，再用5～6m大的飯勺狀鏟子移動麵團。如果負責烤爐的人無法掌握店內商品和作業規劃，不懂得動腦烘烤的話，絕對會搞到亂七八糟。想熟悉這項任務可沒想像中簡單呢。

負責烤爐工作的人必須有膽量，懂得把香氣鎖住，集中在麵團裡

在巴黎的「柯克蘭艾內（Coquelin Ainé）」和「邦斯（Pons）」工作時，有幸能稍微負責烘烤工作。我發現這份工作需要膽量，因為如果自己的氣勢輸給窯爐散發出的熱度和氣場，那就一定烤不出好成品。愛操心的人可能會時常打開爐門，看看「是不是已經烤好了」，但是，這麼做可是沒法順利烤出成品啊！靠飄出的香氣和每天的感覺應該就能掌握烘烤程度，半途開爐不只會讓膨脹變大的麵團扁掉，還會使香味及蒸氣散逸。烘

以杏仁粉、精製白糖、香草莢一起磨碎後製成的杏仁糖粉來製作杏仁奶油醬。把杏仁奶油醬包入做了五次摺三折的酥皮麵團，確實烤出層次高度及顏色。酥脆派皮的香氣和杏仁奶油醬的濃郁呈現出絕佳共鳴。

烤時，如果無法確實地把這些元素鎖在麵團中，將無法烤出美味的成品。拿烤盤時也需要膽量，如果戴了2、3副手套拿烤盤反而會因為熱變得危險。我在法國時，可是手沾麵粉後直接拿烤盤呢。如果一直拿著當然還是會燙，只要動作夠快就不會燙傷，也就是工作要夠迅速，精準到位。

就連皇冠杏仁派也一樣，杏仁的味道及香氣會深深影響成品的美味程度。走在甜點之路上，我一直認為杏仁粉或杏仁糖粉必須自己加工，不該是用買的。如果磨到跟麵粉一樣細，那麼完全無法存留於齒間，少了口感，自然就嘗不出味道和質地。所以，我店裡自己用研磨機膜磨杏仁時，一定會磨成保留些許口感的粗度。

甜點店也算是加工業的一種，自行將挑選的素材加工，製成甜點。我們當然無法作為第一產業，自己種杏仁、養雞孵蛋，但如果只是把經過二次、三次加工的各種材料買來組合在一起的話，可能會不知道自己究竟是為什麼製作甜點。這時，除了很難創造出店家本身的特殊風味，工作起來也會很無趣。無論是堅果醬、翻糖，還是果醬都一樣，我在法國時就一直認為這些東西必須靠自己加工素材製成，我心中的甜點製作也是由此出發，更無法想像少了這個環節會變成什麼模樣。

Pithiviers

皇冠杏仁派

〔 材料 〕

直徑14×高6cm左右、2個分

酥皮麵團（摺三折、共五次）
（→「基本」P.167） *pâte feuilletée* 約1180g

杏仁奶油醬（→「基本」P.162）
crème d'amandes 約300g

塗抹用蛋液（全蛋）
dorure (œufs entiers) 適量Q.S.
30度波美糖漿（→「基本」P.169）
sirop à 30° Baume 適量Q.S.

1

用壓麵機將酥皮麵團壓成5mm厚，以保鮮膜覆蓋，放入冰箱冷凍20～30分使其變硬（圖是從冷凍庫拿出時的麵團）。

2

放上直徑14cm法式酥盒（Vol-au-vent）切模，沿著邊緣1cm處斜斜下刀削出形狀，讓切口朝外延伸開來，備妥4片直徑15cm的圓形麵團（每份會使用2片）。

※斜切能讓酥盒麵團的層次更容易立起。

3

取一片步驟**2**的麵團放在工作桌，將表面積較大那面朝下。中間放上150g杏仁奶油醬，用抹刀塑型成上窄下寬的圓錐體，與邊緣需距離2cm，用毛刷將這2cm的邊緣麵團塗抹蛋液。

4

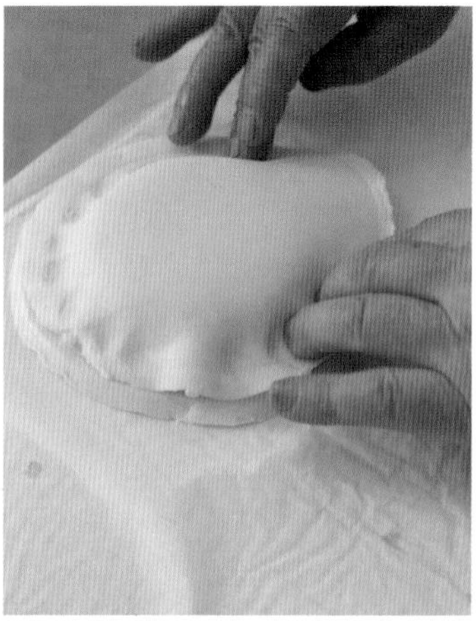

蓋上另一片麵團，表面積較大那邊需朝上。用手指抵著邊緣塗抹蛋液的部分使其黏合。

※麵團切口附著蛋液的話會使酥盒黏住，烘烤後無法膨脹出層次，所以要記住最邊緣的部分不可沾到蛋液。

5

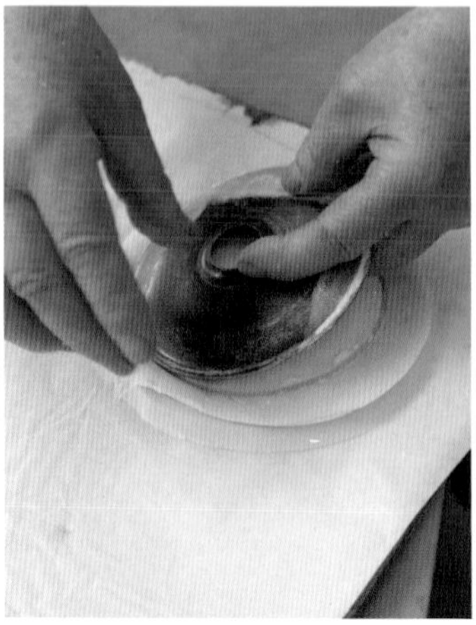

從步驟**4**覆蓋的麵團上，沿著中間填有杏仁奶油醬的範圍，蓋上塗抹了手粉，直徑12cm的法式酥盒切模繞圈按壓，力道要大到能看出圓形痕跡，讓麵團徹底密合。

6

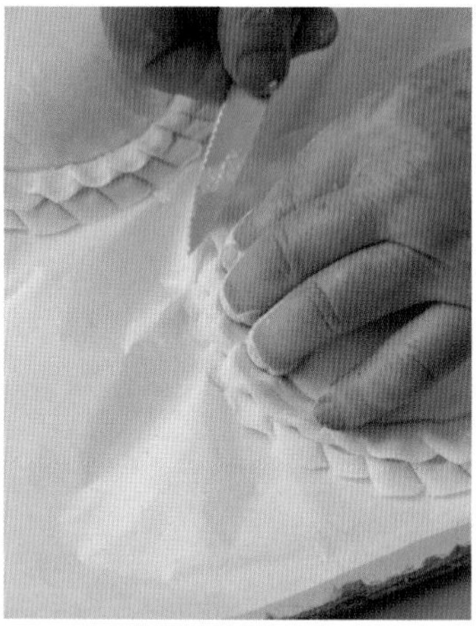

用手指抵著上層麵團的邊緣，同時用水果刀刀背在重疊的麵團側邊施力，斜斜壓出明顯痕跡，畫出交叉線條，感覺就像在打皺摺。

7

放入冰箱冷藏1小時，讓麵團和裡面的杏仁奶油醬變硬。

8

放至烤盤，以毛刷沾取蛋液塗抹表面。

※跟步驟4一樣，要注意麵團切口處不可附著蛋液。

9

用水果刀刀背從中心向外畫出弧形拋物曲線，不要畫到邊緣。邊緣處則是用刀尖搓3～4個氣孔。

10

放入上下火皆為180～190℃的烤箱烘烤約1小時。當酥皮徹底膨脹帶有烤色，且側面變乾時，再以240℃加熱1～2分鐘。出爐後，在上面塗抹30度波美糖漿，置於烤網放涼。

Bonbon Chocolat

夾心巧克力

在比利時磨練自己製作巧克力的功夫，可可的香氣包覆著整個布魯塞爾

Bonbon Chocolat

我初嘗巧克力大概是4、5歲那個年紀。當時二戰結束不久，爸爸不知從哪拿到派駐軍隊發的心型巧克力。嗅聞巧克力時，我還心想著「這就是西洋的味道啊～真好聞」。老實說，那時可沒什麼東西是如此甜美好聞。無論是巧克力，還是香菸，都是我人生中第一次接觸到的氣味，總讓人有種「好時尚！」的感覺。

身為甜點師，要等到我到法國 1年半左右，才開始意識到巧克力這樣甜點的存在，差不多是我剛進「沙拉邦（Salavin）」工作的時候。「沙拉邦」雖然沒有製作製作夾心巧克力，但會買來可可豆，加以烘焙、精煉，自製成調溫巧克力（Couverture）。就連堅果醬和巧克力果仁糖（Gianduja）也都自己從豆子開始製作，不假他人之手，那也是我第一次認識到調溫巧克力。過去在日本的經驗頂多就是把裝飾用巧克力（日文名叫洋生チョコレート）澆淋在生菓子（濕糕點）上，所以第一次接觸時覺

得很厲害。對於巧克力的興趣瞬間湧現，我也開始吃遍巴黎各間店的巧克力。

我最常去的，是1898年開業至今，位在瑪德蓮廣場的老字號巧克力專賣店「La Marquise de Sevigne」。那家店只能用高檔豪華來形容，不只包裝精美，就連酒心巧克力也很美味。店裡的大姐甚至清楚記得我的長相，受到熱情款待的同時，還會親切地讓我試吃各種巧克力。

不過，與比利時、瑞士相比，當時法國的巧克力發展還是慢了許多，品質稱不上厲害。調溫巧克力本身帶有沙沙的顆粒口感，就連堅果醬的粗糙感也太過強烈，無論哪間店的巧克力都缺乏豐富的滋味及纖細表現。另外，所有的巧克力幾乎都不會使用甘納許，原本是很開心地入口品嘗，但立刻就會感到煩膩。「不該是這樣吧？」的疑問不斷在我心中膨脹，為了親自確認，我去了趟比利時。

「維塔梅爾」夾心巧克力所帶來的衝擊，死命學會最先端的技術

就在我抵達布魯塞爾的同時，發現街上充滿著可可香氣，感到驚奇無比。還有好多的巧克力專賣店，就連風味呈現手法也相當進步，跟法國完全不一樣！其中，最讓我受到衝擊的，就屬「維塔梅爾（Wittamer）」的夾心巧克力了。不僅裡頭的夾心入口即化，堅果醬更是香氣十足，口感滑

店內基本上都陳列有約莫30款的夾心巧克力。素材使用多元，例如咖啡、薄荷、佛手柑、巴沙米可醋、自製堅果醬等，充滿豐富的變化性。另外，還有像是焦糖×咖啡×櫻桃酒、杏仁堅果醬×芫荽×佛手柑、帶薰香的甘納許×鹽等多種組合，皆充滿獨創風味。

Bonbon Chocolat

順。周圍澆淋的調溫巧克力很薄，也沒有起霜（Bloom），所有的巧克力都很新鮮。我心想著「有機會一定要學會這個技術！」於是回到法國後，立刻寄出履歷。

等待半年左右，我終於有機會進到裡面工作。維塔梅爾無論是設備還是技術都非常厲害，當時的維塔梅爾是用嘉麗寶巧克力（Callebaut）製作調溫巧克力，不僅質地滑順、香氣佳，品質也相當出眾。無論是製作甘納許，還是操作巧克力批覆機，所有事情對我來說都是初嘗體驗，店家只能從零教起。復活節和聖尼古拉節時，店裡會用壓模巧克力製作非常多的裝飾藝術，所以會忙到不可開交。我之前在廚房的時候也因為經驗不足，做不了工作，甚至因為自己是東方人的緣故感到很不甘心，但老實說，進到這裡之後，你完全沒有心思去煩惱這些！你光是要將眼前的技術和知識一個不漏地學會，就已是分身乏術。也因為這樣，我回到法國後所待的甜點店基本上都很願意讓我負責巧克力品項。更曾因為動作迅速，成品漂亮，讓老闆主動幫我加薪，也讓我變得更有自信。

於是，我在1975年回到日本後開始的第一個工作就是批發巧克力。不過，卻發現很難賣！很難賣！雖然推銷給上野甜點店的熊貓巧克力相當暢銷（笑）。轉身看看法國，那時，在巧克力界名留青史的蘭斯（Robert Linxe）於巴黎創辦了「巧克力之家」（Maison du Chocolat）。等到2年後的1977年，法國的巧克力也開始急速發展。

Mont Blanc

蒙布朗

Mont Blanc

任職希爾頓期間首次製作的蒙布朗，充滿邁向性格展現時期的懷念滋味

說到蒙布朗，其實早在我1967年前往法國之前，就已是日本西式甜點店的基本品項。我那時雖然沒有機會製作蒙布朗，但看著大家的作法都是在鬆軟的杯子蛋糕上先擠卡士達醬和香緹鮮奶油，接著再擠上黃色的栗子奶油霜，光看這樣就覺得應該會變好吃的。

不過，蒙布朗在當時的法國稱不上是基本品項，就連我遍訪法國各地也都沒看見蒙布朗，頂多只在巴黎的「安潔莉娜」（La maison Angelina）和「布瓦希耶」（Maison Boissier）。這兩間店都是在蛋白霜和香緹鮮奶油上，擠了大量味道既甜又濃郁的褐色栗子奶油霜，雖然能充分感受到栗子風味，但對我而言實在太膩，膩到完全不曾想說要去試做看看。

不過，就在我於巴黎希爾頓飯店擔任甜點主廚時，有了製作蒙布朗的初體驗，每日蛋糕（Gâteau du jour）的品項中，出現了「栗子香緹蛋糕」這個名字。

它的基底來自法國某個地區，當地人把蛋白霜和高含水量的栗子奶油霜

結合製成甜點。蛋糕完成放置一段時間的話，蛋白霜會吸收栗子奶油霜的水分，與栗子的味道極為契合，我也非常喜歡那股風味。當下就決定，以後自己做蒙布朗的時候也要用這種方式。我還會在蛋白霜裡加入杏仁，充分烘烤直到變成焦糖色，呈現出麵糊具備的鮮味。在嘴裡化開的栗子奶油霜和蛋白霜結合為一，施力挖開後隨之擴散的風味讓人覺得美味。

店裡的栗子醬是使用添加砂糖等材料後，將栗子製成膏狀的市售栗子泥。其實現在很多店家都是自己加工新鮮栗子，讓蒙布朗能真實呈現出栗子具備的風味。不過，當時使用市售栗子泥反而較為普遍，我腦中甚至不曾有過拿新鮮栗子加工製成甜點的想法，所以對我而言，栗子類蛋糕的基底絕對是栗子泥。把栗子泥加點糖漿，就能做成栗子醬。這個思維根深蒂固在我腦中，所以我一直認為，比起稍微烹煮過的栗子，經過深度加工反而更能呈現出栗子的既有風味。

這道蒙布朗在巴黎希爾頓飯店非常受歡迎。當時因為找不到蒙布朗專用的花嘴，也沒有像是手壓式麵條機這類和菓子會使用的器具，所以只能用紙捲擠花袋一條條地慢慢擠呢！

認真全心地投入工作，能讓自己成長成為職人

在巴黎希爾頓飯店期間，我除了要負責飯店餐廳、茶點沙龍的甜點及麵

在加入杏仁糖粉，徹底加熱烘烤過的杏仁蛋白餅，夾入栗子香緹鮮奶油和糖漬栗子。用香緹鮮奶油塗抹包覆後，再擠入細條狀的栗子香緹鮮奶油，接著以香緹鮮奶油擠花、砂糖醃漬紫羅蘭花及金合歡、整顆的糖漬栗子加以裝飾。做成小蛋糕時，則會將栗子霜包在裡頭，讓成品看起來較樸實（照片右）。

Mont Blanc

包，還必須製作法式一口甜點及宴會的甜點，工作量極為龐大。從開始擔任甜點主廚的半年期間，我每天大概都只淺睡幾個小時，完全沒有休息。那時剛滿30歲很年輕，又是第一次擔任甜點主廚，想要全力表現自己，也想挑戰看看自己究竟有多少能耐，所以一點都不覺得累呢。各種靈感更是不斷湧現，心想著想做什麼全都來試試看。在這樣的思維下，員工們也認同我的想法，願意追隨我的工作模式。這開始讓我比較有閒暇之餘，能在工作結束後，即便是大半夜照樣外出遊玩。我甚至曾和法國人同事尬酒比喝威士忌，結果醉倒被救護車載走，接著又被同事從醫院領出來，還必須在頭痛到爆的情況下製作結婚蛋糕呢！不過，這也沒什麼稀奇的。反正呢，我做什麼事情都一定是全力以赴（笑）。當時待在希爾頓大約1年半，我也就這麼一路撐了過來。

對於我們這些職人來說，只要具備氣力、體力和一定程度的技術，基本上都還混得下去。不畏懼風險，看到機會來臨時，放手一搏挑戰看看就對了。既然身為職人，絕對要趁年輕時，讓自己體會什麼叫全力以赴，全心全意投入工作。從這過程中所獲得的充實與成就感不僅能帶來自信，更是讓自己跨出大大一步的原動力。相信我絕對不會錯，因為我就是這樣一路走來的。

Mont Blanc

蒙布朗

〔 材料 〕

直徑約15cm、2個分

栗子香緹鮮奶油
crème chantilly aux marrons

栗子醬（Marron Royal出品的「Crème de marrons」）
crème de marrons 500g

鮮奶油（乳脂肪含量47%）*
crème fraîche 47% MG 500g

＊打至六分發。

杏仁蛋白餅（→「基本」P.169）
meringue aux amandes

直徑15cm、12cm、10cm的格紋圓形 各2個

香緹鮮奶油*
（→「基本」P.162） *crème chantilly* 約750g

＊打至八分發。

糖漬栗子
（Crème de marrons的「糖漬栗子碎粒」）
marron confit 適量Q.S.

糖漬栗子顆粒 *marrons glacés* 2顆

砂糖醃漬紫羅蘭花
confit de fleurs de violette 適量Q.S.

砂糖醃漬金合歡
confit de fleurs de mimosa 適量Q.S.

製作栗子香緹鮮奶油

1

把栗子醬倒入料理盆，用橡膠刮刀拌至滑順。

2

撈一坨打發至六分的鮮奶油加入**1**，將盆底浸在冰水中，徹底拌勻。

3

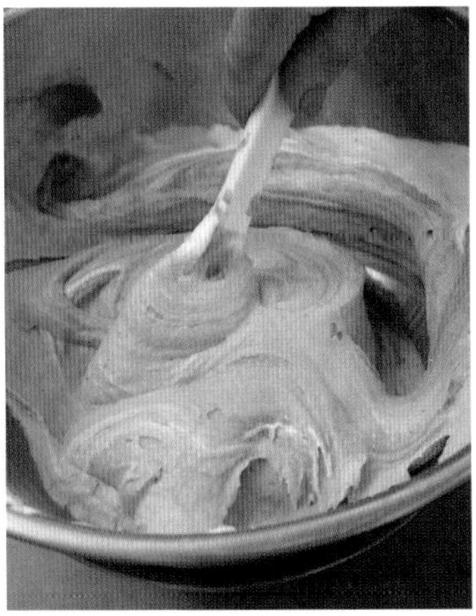

將剩餘的鮮奶油加入**2**，不斷攪拌至整體均勻。

組合、完成

1

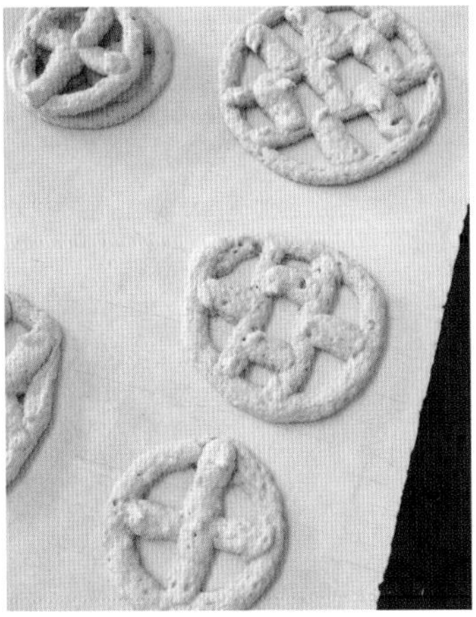

準備好直徑15cm、12cm、10cm的格紋圓形杏仁蛋白餅，每個尺寸各2個。

2

將直徑15cm的杏仁蛋白餅放在紙托，用刮板撈一坨栗子香緹鮮奶油放上，接著再以抹刀整出一個比杏仁蛋白餅小一圈的平坦圓形。

3

將瀝掉汁液的糖漬栗子剝成適當大小後，撒在上面。

4

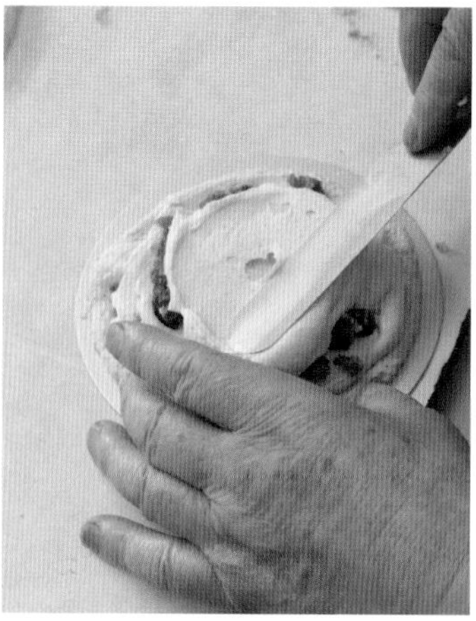

以刮板撈一坨栗子香緹鮮奶油放上，接著再以抹刀整出一個比步驟**2**的杏仁蛋白餅小一圈的平坦圓形。

5

疊上直徑12cm的杏仁蛋白餅，烤面朝下。

6

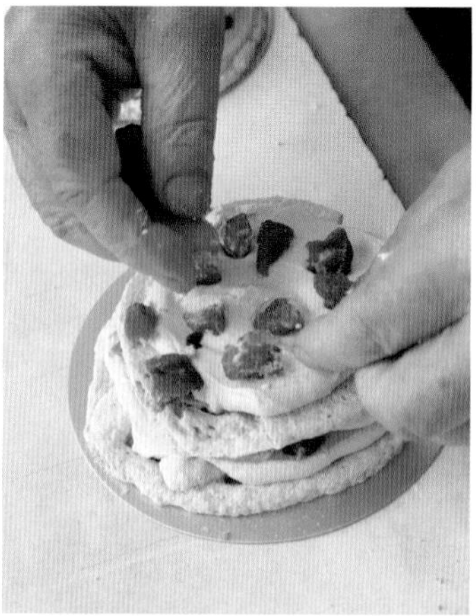

以刮板撈一坨栗子香緹鮮奶油放上，同樣以抹刀整出一個平坦圓形，這個圓形要比疊放的杏仁蛋白餅小一圈。將瀝掉汁液的糖漬栗子剝成適當大小後，撒在上面。

7

用刮板撈一坨栗子香緹鮮奶油放上，再以抹刀整出一個比步驟**6**的杏仁蛋白餅小一圈的平坦圓形。

8

疊上直徑10cm的杏仁蛋白餅，烤面朝下。以刮板撈取少量的栗子香緹鮮奶油放上，再以抹刀整平。

9

將**8**放上旋轉台，在表面塗抹大量打至八分發的香緹鮮奶油，抹成圓弧形。

10

將栗子香緹鮮奶油填入紙捲擠花袋，隨意擠在**9**的表面。

11

將**9**剩餘的香緹鮮奶油填入裝有9爪13號星形花嘴的擠花袋，在**10**的表面四處擠花。

12

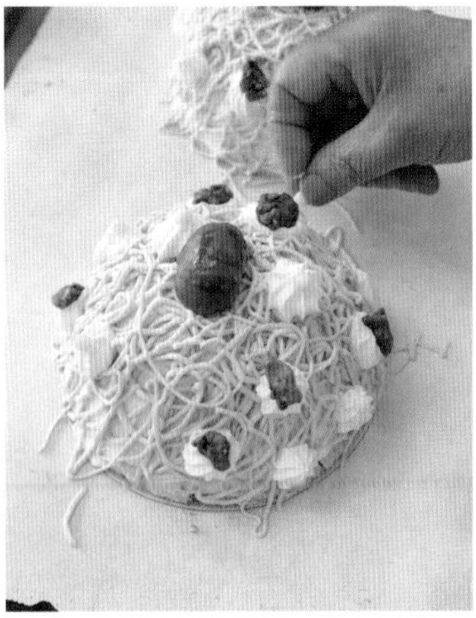

在頂端擺上1顆糖漬栗子，接著在**11**的鮮奶油擠花上裝飾砂糖醃漬紫羅蘭花和金合歡。

在異國修業的日子

1

3

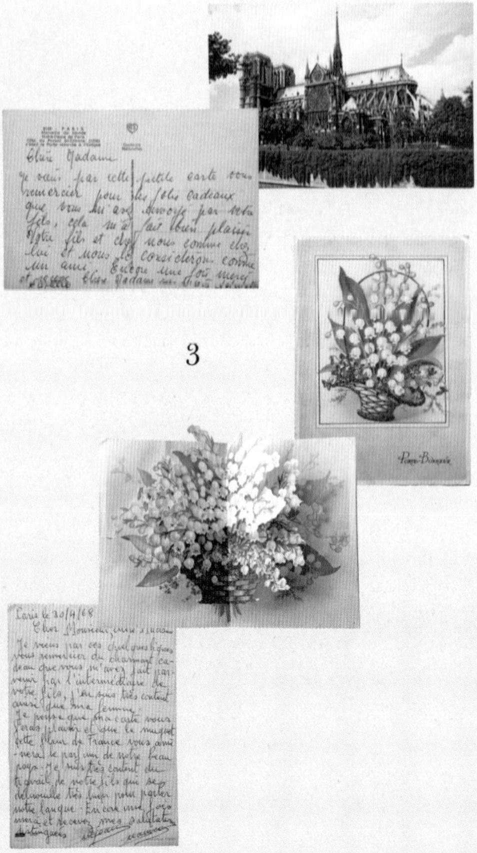

2

1）攝於「邦斯（Pons）」，和用糖、巧克力製成的復活節藝術裝置合影。也會在地下室廚房製作巧克力。從這時開始有了想要學做精緻巧克力的念頭，於是決定前往巧克力製作技術精湛的比利時修業。

2）攝於邦斯的廚房。最左邊為河田，後方從右數來第二位穿黑衣的男性是老闆夏里埃（Charrière），當時幾乎每天都會有日籍甜點師造訪，他都會請我負責應對。

3）邦斯老闆寄給河田雙親的卡片，裡頭寫道感謝他們的贈禮。河田當初完全不知道老闆跟父母間其實有聯繫往來。

4

4）在巴黎修業的日籍甜點師們組成了愛德華會（エトワール会），照片為成員們。裡頭包含了「Patisserie Du Chef Fujiu」的藤生義治、「莫梅森」（Malmaison）的大山榮藏和「BOUL' MICH」吉田菊次郎。河田站在左邊數來第五位。成員們會在每月第三個星期一的下午在凱旋門下集合，一起去討論度很高的店家、咖啡店，相互交流資訊。

5

6

Column

7

5）利用在邦斯工作期間的暑假，前往瑞士巴塞爾（Bazel）的柯巴甜點學校（Coba）學做糖1個月。照片是在陸森市搭船遊湖時所拍攝。在這裡還曾因為不會吹糖，被學校留到晚上10點。後來有幸接受日後成為「Ecole Lenôtre」首任校長的Gilbert Ponée主廚指導，獲益良多。

6）假日造訪皮卡第地區（Picardie）的城鎮尚蒂伊（Chantilly）。

7、8）攝於距離巴黎約90km西南方的沙特主教座堂（Chartres Cathedral）。當時因為父親過世卻又無法回國，於是從巴黎步行前往作為祭弔。早上7點出發，抵達時已是半夜1點。

8

Bras de Vénus
維納斯蛋糕捲

探索鄉土甜點之旅中，出自在地甜點店老闆之手的回憶甜點

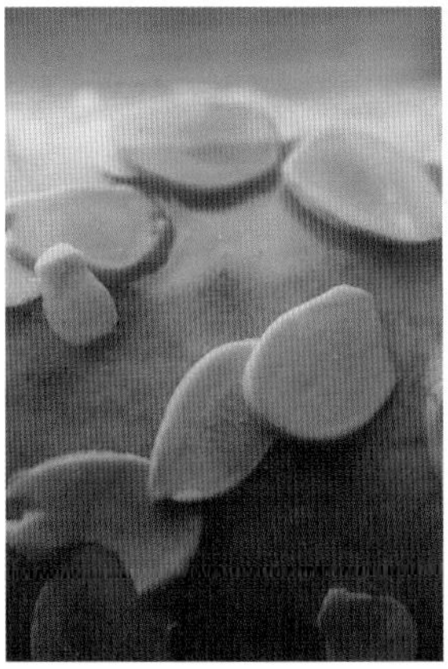

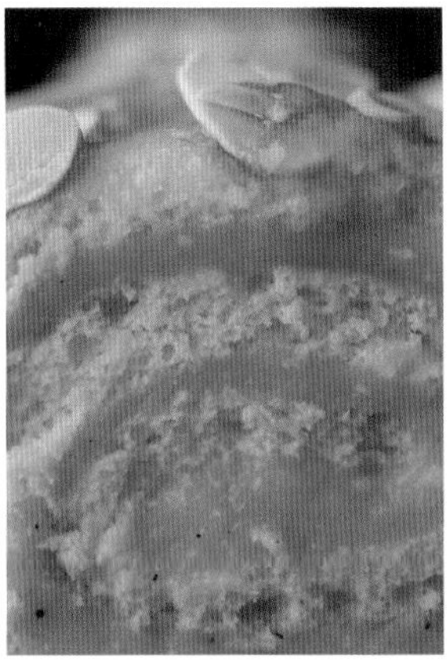

Bras de Vénus

1975年，我決定為8年的旅法生活做個結束返回日本，在那之前，心想著一定要做件事，算是幫修業畫上句點，那就是環法一周之旅。自從開始擔任法國希爾頓飯店的甜點主廚後，就為工作忙到幾乎沒有時間睡覺，所以也存下了不少錢呢。於是，我和日本朋友2人規劃用2個月的時間，把過去從書本、旅遊指南找到的鄉土甜點全部實際造訪認識一遍。我們挑了一年中天氣最好最舒服的初夏季節，全心投入追尋甜點，成就了一趟永生難忘的旅程。

這過程中最讓我情緒激昂的，就是和維納斯蛋糕捲的相遇。

高特米魯指南（Gault et Millau：由亨利．戈（Henri Gault）和克里斯蒂安．米約（Christian Millau）創立的美食指南）於1970年發行的法國美食指南《Guide Gourmand de la France》寫道：維納斯蛋糕捲法文Bras de V'enus是指「維納斯的手臂」，同時也是法國南部隆格多克魯西雍地區（Languedoc Roussillon）拿波恩市（Narbonne）的特產。書中

雖然只提到這些介紹，但甜點的名稱實在響亮，甚至飄散出些許的希臘氣息，想必一定很美味吧。讓我深信「維納斯的手臂究竟是什麼感覺？這背後肯定有些悠久的歷史淵源！」於是決定到了當地一定要尋找維納斯蛋糕捲。

不過，我走遍拿波恩市的所有甜點店，根本沒看見維納斯蛋糕捲。就算把高特米魯指南的書拿給店家看，大家也都說不知道，害我心想「啊！怎麼又來了」感到失望無比。會說「怎麼又來了」，是因為我翻閱古書和旅遊指南，在這趟旅程尋找的鄉土甜點中，絕大多數的甜點皆已消逝無蹤，基本上都沒能相遇。

身為外國人的我這麼說或許有點奇怪，但我真的覺得這實在很可惜。鄉土甜點之所以會誕生，不僅是和當地文化、風土、傳統民俗有極為緊密的關聯，更能將這些事物延續承載下去。的確不是每樣鄉土甜點都很美味，或許也因為真的有某些理由，這些甜點才會消逝無蹤，但眼看著傳統滋味流失還是令人覺得寂寞、唏噓不已。至少對我來說，我自己是在認識這些鄉土甜點後，才感受到法國甜點的本質與原點。

在眾多消逝無蹤的鄉土甜點中，終於讓我遇見「維納斯的手臂」

不過，維納斯蛋糕捲跟那些消逝無蹤的鄉土甜點不同。因為我遇到一位

我用自己的方式，呈現海綿蛋糕抹上卡士達醬捲成條狀的法國南部鄉土甜點。在分別打發的麵糊加入檸檬汁，讓糕體滑順細緻、口感輕柔，接著抹上充滿橙花水香氣的糖漿，最後捲入放有檸檬皮碎屑的卡士達醬，用柑橘的清新風味營造南法氛圍。

Bras de Vénus

甜點店的大哥，他跟我說「那個啊，我知道啊。現在雖然沒有在做了，但我還是學徒時很常做呢」。那是位在當地開業許久的甜點店主人，年紀大概是40多歲接近50歲。聽到我們是特地跑來尋找維納斯蛋糕捲後表示很感動，並承諾「既然都是甜點店同業，你如果能等到明天，我就做給你」。那時我好開心，也非常興奮！我走遍法國各地，這麼和善待人的就只有那位大哥了。對他來說，可能也會覺得很難得有日本人來尋找鄉土甜點，所以很慎重其事地為我製作了維納斯蛋糕捲。

隔天，我再次造訪甜點店，大哥說著「喏，你在找這個吧？」，接著拿出了用海綿蛋糕捲入卡士達醬並以馬卡龍點綴的甜點。這時可以聞到橙花水（eau de fleurs d'oranger）的香味，糕體質地非常蓬鬆柔軟。我雖然心想「喔！所以就是蛋糕捲啊。如果說是維納斯的手臂，似乎粗了些，跟我的預期和想像不一樣呢」，還是非常感謝那位大哥願意幫我製作，內心也相當激昂。

最後，我還是不知道維納斯蛋糕捲的由來以及跟它有關的資訊。會取這樣的名字，或許是因為這道甜點就像有著珠寶點綴的維納斯手臂吧。在日本的話，一定會加入城鎮名稱或專有名詞，取為「〇〇捲」之類的名字，不過這裡可是取名為「維納斯的手臂」呢。多麼法式風格，時尚的命名方式啊，法國的這點也讓我非常喜愛。

Bras de Vénus

維納斯蛋糕捲

〔 材料 〕

長19cm、2條分

海綿蛋糕捲　*biscuit roulé*

40×30cm烤盤、1片分

- 蛋黃　*jaunes d'œufs*　4顆分
- 精製白糖A　*sucre semoule*　75g
- 蛋白　*blancs d'œufs*　90g
- 鹽　*sel*　1g
- 精製白糖B　*sucre semoule*　10g
- 檸檬汁　*jus de citron*　1/2顆分
- 低筋麵粉　*farine ordinaire*　75g
- 融化奶油（加溫至35℃）　*beurre fondu*　25g

檸檬風味卡士達醬

crème pâtissière au citron

- 牛奶　*lait*　250g
- 檸檬皮碎屑
  zestes de citrons râpés　1顆分
- 蛋黃　*jaunes d'œufs*　3顆分
- 精製白糖　*sucre semoule*　80g
- 香草糖（→「基本」P.160）　*sucre vanille*　5g
- 低筋麵粉*　*farine ordinaire*　15g
- 玉米澱粉*　*fécule de maïs*　15g
- 檸檬汁　*jus de citron*　1/2顆分

＊全部混合篩過。

糖漿　*sirop d'imbiber*

- 30度波美糖漿（→「基本」P.169）
  sirop à 30° Baume　20g
- 水　*eau*　20g
- 橙花水　*eau de fleur d'oranger*　3滴

※混合上述材料。

杏桃果醬覆面*（→「基本」P.161）
glaçage d'abricot　適量Q.S.

杏仁片（烘烤過）
amandes effilées grillées　適量Q.S.

＊須煮滾。

製作海綿蛋糕捲

1

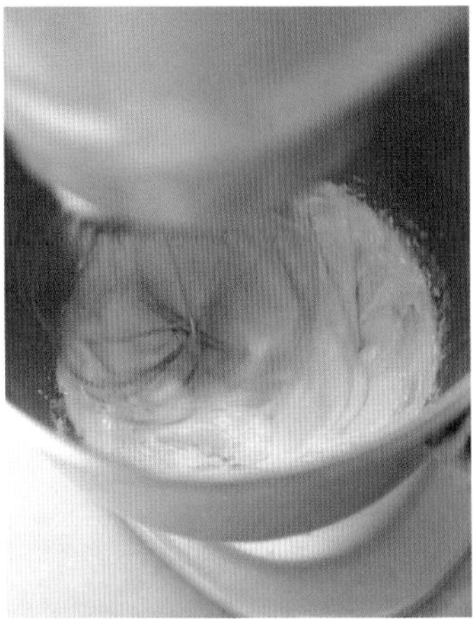

將蛋黃、精製白糖A放入自動攪拌機，以高速打發至泛白膨起。

2

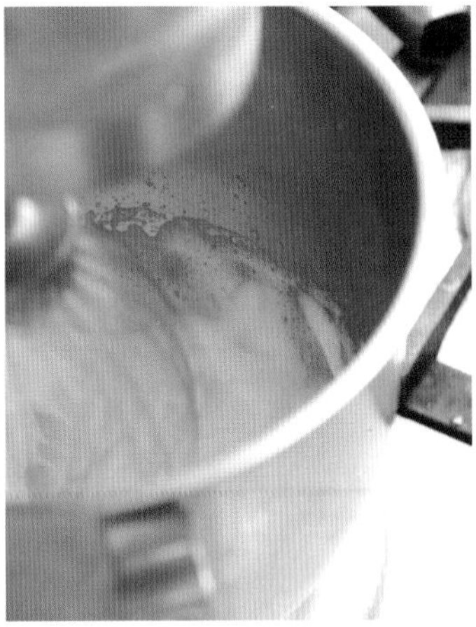

進行步驟**1**的同時，將蛋白、鹽放入另一台自動攪拌機，逐次添加精製白糖B，以高速將材料打發至用攪拌頭撈起時能夠立起來。

3

將檸檬汁、篩過的低筋麵粉加入**1**，以橡膠刮刀稍微攪拌，在還沒拌勻之前，分2～3次加入**2**，繼續攪拌。

4

稍作混拌後，倒入加溫至35℃的融化奶油，這時就要徹底拌勻直到出現亮澤。

5

將麵糊倒入鋪了烘焙紙的40×30cm烤盤，用L型抹刀刮開抹平。

6

放入上下火皆為210℃的烤箱烘烤13分鐘，讓表面烤出顏色。將水果刀插入烤盤內壁和蛋糕間，讓蛋糕脫模。將蛋糕連同烘焙紙置於網架，在室溫下放涼，並覆蓋保鮮膜。

製作檸檬風味卡士達醬

1

將牛奶、檸檬皮碎屑倒入銅鍋，以小火加熱至沸騰。

2

進行步驟**1**的同時，將蛋黃、精製白糖、香草糖倒入料理盆，接著把打蛋器貼著盆底攪拌至泛白。加入一同篩過的低筋麵粉和玉米澱粉，繼續拌勻直到看不見粉末。

3

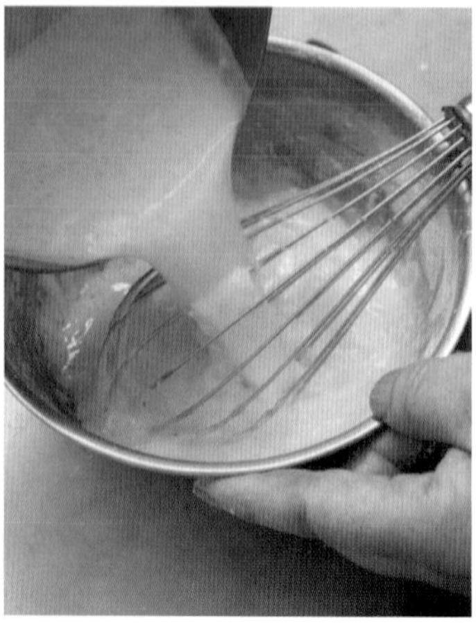

1煮滾後，將一半加入**2**，徹底拌勻。

4

將**3**倒回**1**的銅鍋，邊以打蛋器攪拌，邊轉大火加熱至沸騰。

5

當攪拌時的阻力變小，手感變輕盈時即可拿離開火源。要攪拌到阻力徹底消失，用打蛋器撈起時能滑順地持續垂滴落下。

6

加入檸檬汁，充份拌勻。移至料理盤，用保鮮膜服貼密封。料理盤底部可以浸冰水急速冷卻。

組合、完成

1

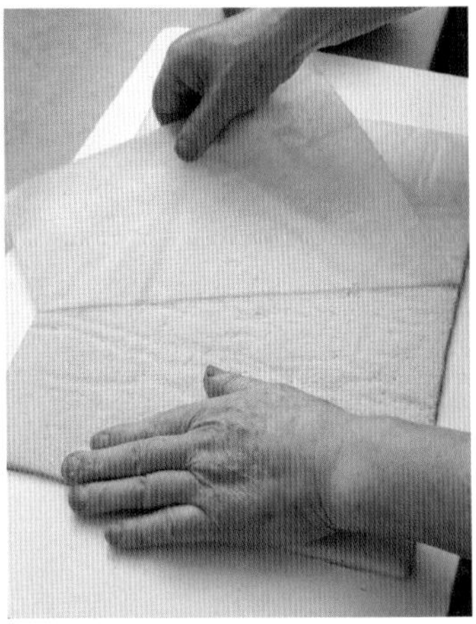

將海綿蛋糕翻面，撕掉烘焙紙。移到另一張烘焙紙並擺在工作桌上，長邊要和工作桌的水平線平行，繼續讓烤面朝下。

2

以毛刷塗抹糖漿。

3

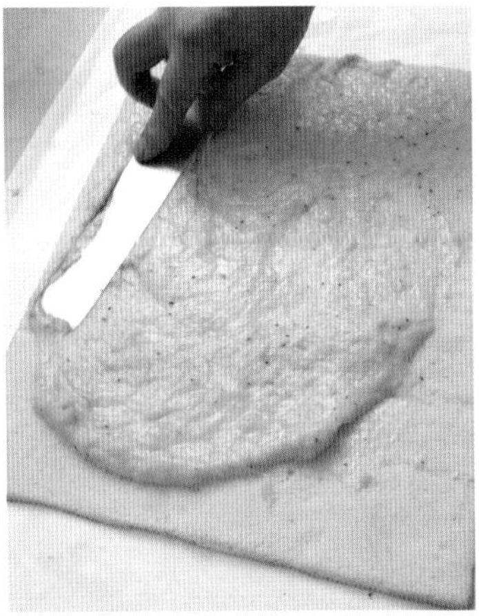

將檸檬風味卡士達醬倒入料理盆，並以刮刀拌至滑順狀。倒在**2**上，接著以抹刀薄薄地抹平。

※靠近手邊的蛋糕醬料可以抹薄一點，這樣會比較好捲。

4

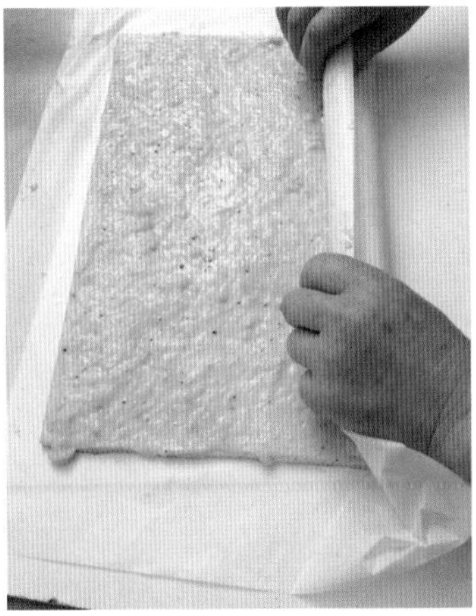

用抹刀沿著蛋糕比較靠近自己的長邊，輕輕橫壓出2條間隔約1cm寬的線條，接著邊提起烘焙紙，邊將蛋糕捲起。

5

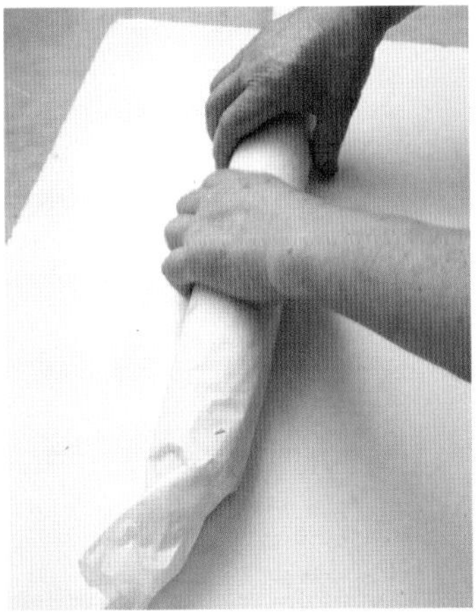

捲完後，用烘焙紙裹住，整塑好形狀後，拉緊烘焙紙，避免蛋糕散開。直接放上砧板，置於冷藏冰涼。

6

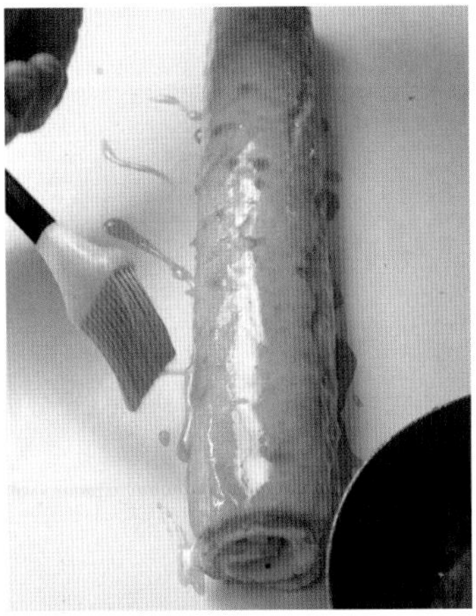

拿掉**5**的烘焙紙，用毛刷在表面塗抹煮滾的杏桃果醬覆面。接著貼上烘烤過的杏仁片，用鋸齒刀切掉頭尾兩側，再對切成半（約19cm）。

Far Breton

布列塔尼布丁蛋糕

從單純把材料混合進爐烘烤的「粥狀甜點」，也能看見法國甜點的展現麵粉滋味的精粹之處

Far Breton

布列塔尼布丁蛋糕是我去布列塔尼時都會吃的甜點。它正如法文Far Breton所指的「布列塔尼粥」，是以水分和油脂較多，質地柔軟的粥狀麵糊製成，Q彈度適中的口感相當吸引人。不過，我在當地吃到的布列塔尼布丁蛋糕可能是麵粉配比較高的緣故，蛋糕的黏性和彈性表現都太過強烈，甚至硬到一口咬下時會留下齒痕，讓我總覺得，布列塔尼布丁蛋糕不該是這樣，中間的口感應該要再軟一些才對。我喜歡在烤模裡先塗上厚厚一層奶油，撒入精製白糖，倒入蛋奶液後，擺上切成小塊的奶油再進爐烘烤。這樣外表就會有點焦化，和內部的口感形成對比。

其實，在法國各地還有很多跟布列塔尼布丁蛋糕一樣，把水、牛奶、雞蛋跟麵粉混勻的蛋奶液烘烤成口感Q彈的甜點。例如法國西南部的米亞斯塔（Millassou）、芙紐多（Flaugnarde）、貝亞恩玉米糕（Broye，亦稱作客呂沙德玉米糕Cruchade）。有些以前其實是用玉米粉而非麵粉，現在則同時可見兩種配方。另外，還有來自利慕贊（Limousin），會和酸櫻桃

一起烘烤的克拉芙緹（Clafoutis）、從波爾多誕生的可麗露、布列塔尼的可麗餅、巴黎的巴黎布丁（Flan Parisian à la Crème）。雖然變化非常多樣，但其實它們都屬於早些年代，會充分把氣泡打入麵糊中再加以烘烤的海綿蛋糕或傑諾瓦士蛋糕，算是會用到麵粉，質地軟嫩如粥的甜點。我特別把這類甜點稱作「粥狀菓子」，至於起源大概就是義大利波倫塔（Polenta，義式玉米粥）這類食物北傳後，被羅馬人推廣開來的吧。說到料理方式其實也很原始，攪拌後烤一下就能完成。不過，我卻可以從中依稀瞥見法國甜點的精粹，透過充分加熱展現出麵粉的美味，的確很吸引人呢。

其實不只這些粥狀菓子，鄉土甜點多半是既樸實又簡單。它與誕生於宮廷，隨著時代逐漸確立成形的奢華法式甜點走的是完全不一樣的體系。鄉土甜點不講究該怎麼混合，該怎麼拌入氣泡，該怎麼烘烤，也不會去探究細微技巧。麵糊也不會添加什麼特別的素材，都是當地摘採的水果或樹果。我想，就是因為能感受到製作甜點的原點、飲食的原點，鄉土甜點才會如此令我著迷。

環法一周之旅所遇到的鄉土甜點，至今仍是我製作甜點的原動力

其實前面也有提到，在法國生活8年期間令我印象最深刻的，就是回國

用雞蛋、砂糖、麵粉、鹽、牛奶、鮮奶油製作出風味馥郁的蛋奶液，接著放入蘭姆酒醃漬過的黑棗，烘烤出布列塔尼地區的鄉土甜點。在烤模塗抹大量奶油，撒上精製白糖，接著在蛋奶液撒入切成小塊的奶油，進爐烘烤後，就能呈現出表面硬脆、裡頭Q彈軟嫩的對比口感。

Far Breton

前的環法一周之旅。當時我買了輛二手的飛雅特敞篷車，跟朋友2人花了2個月的時間，順時針遊遍法國各地。因為心想「機會難得，當然要選帥車」，於是挑了這台車，沒想到故障連連，搞到人仰馬翻（笑）。我們為了能用有限的預算走遍更多城鎮，住的是便宜的青年旅館，也會自己煮飯，甚至買了加工肉品和麵包後，直接在車上或路邊食用，唯獨購買甜點時一點也不手軟，也很努力地品嘗。但很難全部吃光，雖然心想實在浪費，最後也只能丟掉大部分的甜點。

到了目的地的城鎮後，我一定會先找出教會，因為旅遊中心或甜點店基本上都會在教會附近。如果是有興趣的甜點，則會邊跟當地人探聽邊步行尋找。其實很多甜點現在都已經消失無蹤，很難有機會找到，但也因為這樣，當我找到時會無比開心呢。

發現粥狀菓子的存在，要等到從法國西南部北上前往巴黎，也就是這趟旅程的後半階段。實際造訪各地，能接觸到每種甜點的風味生成歷程與背景，了解孕育出甜點的風土、歷史、文化及人們的思維，是非常難能可貴的經驗，也讓我極為喜悅。對我而言，這趟旅程讓我能將過去書中閱讀蒐集到的資訊加以驗證，同時確認今後自己在追求甜點之路上要走的方向。旅程中得到的感動也全都成為我的力量，讓我到了今天還能繼續往前邁進。

Far Breton

布列塔尼布丁蛋糕

〔 材料 〕

直徑18cm×深4cm的上寬下窄烤模、2個分

低筋麵粉 *farine ordinaire* 140g

精製白糖A *sucre semoule* 100g

鹽 *sel* 6g

牛奶 *lait* 310g

鮮奶油（乳脂肪含量48%）
crème fraîche 48% MG 310g

全蛋（充分打散） *œufs entiers* 140g

奶油A（回至室溫） *beurre* 40g

精製白糖B *sucre semoule* 適量Q.S.

蘭姆酒漬黑棗乾（法國亞仁產、無籽）*1
pruneaux au rhum 16顆

奶油B*2 *beurre* 約40g

*1 將黑棗乾放入瓶中，加入能淹過黑棗乾的蘭姆酒，浸泡至少1天。
*2 放置在室溫，稍微變軟後，切成1cm塊狀。

1

將篩過的低筋麵粉、精製白糖A、鹽放入料理盆，以打蛋器混合。

2

依序加入牛奶及鮮奶油，每加入一樣就要稍作攪拌。

3

加入打散的全蛋，繼續攪拌。

4

以濾網過濾至另一只料理盆，放置於室溫。

5

用手指在直徑18cm×深4cm的上寬下窄烤模分別塗抹20g奶油A，奶油厚度要足夠。

6

將大量的精製白糖B撒入**5**，斜拿烤模，讓內部側面和模底均勻沾附。烤模上下顛倒，倒掉多餘的精製白糖，置於烤盤上。

7

將蘭姆酒漬黑棗乾放上濾網，瀝掉汁液。將8顆黑棗分別放入步驟**6**的烤模中。

8

於**7**的烤模分別倒入一半的**4**。

9

分別撒入各20g切成1cm塊狀的奶油B。

10

放入上下火皆為180℃的烤箱烘烤1小時20分，烘烤至用手按壓時感覺得到彈性。過程中如果蛋糕溢出烤模，可用水果刀或手壓回烤模內。

11

出爐後倒扣讓蛋糕脫模，置於網架，在室溫下放涼。

Gâteau Pyrénées

庇里牛斯蛋糕

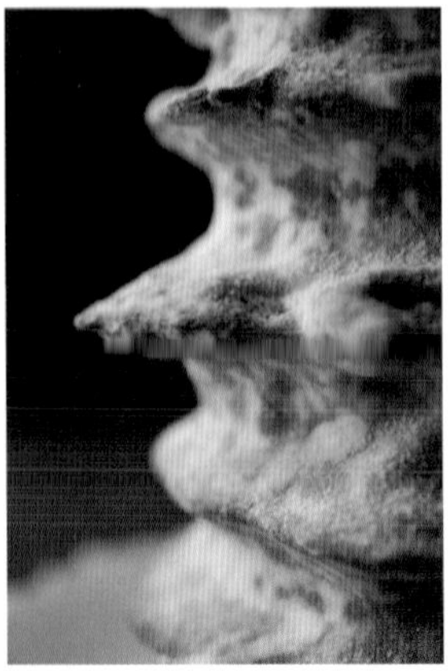

既庸俗又樸素的庇里牛斯鄉土甜點，卻是能傳遞店鋪風格的特別存在

我第一次看見庇里牛斯蛋糕，是在前往法國3年後的聖誕節。開在瑪德蓮廣場的馥頌食品材料行（Fauchon）擺出高度近2m的大型庇里牛斯蛋糕，上面還放了聖誕節裝飾，實在非常壯觀，目光馬上就會被它所吸引。

不過，要再等個幾年後，我才知道庇里牛斯蛋糕是什麼樣的甜點。我在舊書店購買的書籍中有庇里牛斯蛋糕的插圖，後來還找到了19世紀料理人于爾班・杜柏瓦（Urbain Dubois）的食譜。

高特米魯指南於1970年發行的法國美食指南《Guide Gourmand de la France》有提到，這道甜點來自法國西南部一個名叫塔布（Tarbes）的城市，我在法國工作期間曾多次造訪尋找，卻都無功而返。回到日本後還無法完全死心，甚至在開了「Au Bon Vieux Temps」後又造訪一次。因為，當時我正苦思著必須準備一道特別的甜點來展現店鋪風格，浮現出腦海的就是庇里牛斯蛋糕，也成了我再度訪法的理由之一。

心想著「這次一定要有收穫」，於是問遍當地所有的甜點店，也到處跟

Gâteau Pyrénées

人探聽資訊。不過，還是怎樣都沒找著，也沒人知道。期待愈大，失望也愈大，結果搞到我自己疲累不堪，整個癱坐在咖啡店的椅子上。這時，往上抬頭一瞥，竟看見櫃檯旁就擺著一個高度近30cm的庇里牛斯蛋糕！我高興到立刻衝向前。詢問櫃檯的大姐，得知有位男性專門在做伴手禮用的庇里牛斯蛋糕，大姐表示願意幫我跟對方聯絡，大姐的兒子甚至還帶我前往位在城外的工廠。

不過，開心卻也只維持一下下。我到了之後，發現當天的製作早已結束，聽說製作時間為清晨3點到8點。然後我千拜託萬拜託，對方怎樣都不願意讓我觀摩烘烤的過程。但我是好不容易找到庇里牛斯蛋糕，怎能說放棄就放棄。於是，我住進工廠主人在隔壁開設的餐廳旅館（Auberge），決定隔天一早前往偷看。看見了我到今日仍無法忘記的光景！當時外頭天還很暗，一位老伯在類似農家倉庫的地方，邊用暖爐燒柴，邊轉動棒子地烘烤蛋糕。火焰熊熊燃燒，麵糊則是從棒子滴滴答答地滴落，凹凸不平、稱不上漂亮的形狀在火焰中慢慢成型，令人無比震撼。

在試做各種配方的麵糊後，最終採用擁有百年以上歷史的配方

在當地吃到的庇里牛斯蛋糕外觀凹凹凸凸，感覺就像日本冷杉非常漂亮，但其實並不好吃（笑）。可能是為了更容易烤出凹凸感，當地使用的

法國西南部庇里牛斯山脈附近的鄉土甜點。用蛋黃、融化奶油、蛋白霜等材料製成麵糊，加入糖漬柳橙皮後，能在深度濃郁中感受到清新氛圍。烘烤會使用年輪蛋糕用窯爐，以旋轉木棒為軸心，讓麵糊像年輪一樣，一層層地反覆澆淋烤出蛋糕。「Au Bon Vieux Temps」店裡售有大中小三種尺寸，照片為高20cm的小型庇里牛斯蛋糕。

麵糊較稀，等到麵糊失去氣泡後才烘烤，使蛋糕咬起來硬邦邦的，一點都不美味，香草和蘭姆酒的香氣也感覺頗為廉價。那時心想，如果我自己要做的話，勢必要加以改良。

不過，用了味道和口感都不錯的麵糊試做後，發現不只少了庇里牛斯蛋糕的風味，就連形狀也不對。從可麗餅、瑪德蓮到熱那亞蛋糕（Pain de Gênes），我試了大概30種甜點的麵糊，但沒有一個是成功的。於是我決定回歸基本，試試最初書中提到的杜柏瓦配方，沒想到成品還蠻符合預期，看來，只能用這款配方製作了。我除了用糖漬柳橙皮取代橙花水外，其餘都維持杜柏瓦的作法。雖然食譜已有百年以上的歷史，卻令人相當佩服，也非常驚艷。

我是用烤年輪蛋糕的瓦斯窯烤爐來烘烤。光烤1條庇里牛斯蛋糕就要耗時2小時以上。窯爐附近的溫度高達70～80℃，我怕負責烘烤的員工太熱太難受，甚至在房內加裝了抽風機。不過，員工們表示「開抽風機的話，烤出來的成品不漂亮」，於是都不開抽風機，讓我相當感佩他們的毅力。

我其實不會設限員工必須烤出怎樣的凹凸形狀，因為只要面對火焰的炙熱不退卻，都能烤出相當漂亮的成品。如果因為「好燙、好燙」而縮手等於認輸，道理就是這麼簡單。

環法一周之旅

2

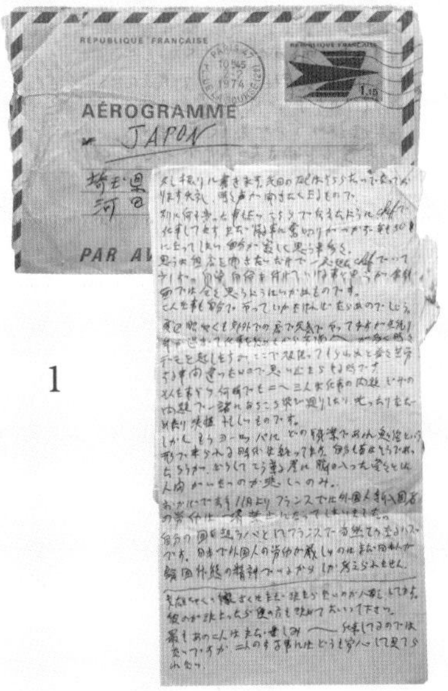

1

Column

3

4

5

1）在巴黎希爾頓飯店擔任甜點主廚時寫給母親的信，講述著自己身為外國人在飯店工作的感受。

2～4）為法國修業劃上句點的環法一周之旅。旅行的2個月期間，與朋友一起開車走遍鄉間。過程中還曾在開車時，忘記相機和腳架就放在車頂，結果弄丟一組相機而捶心肝。

5）環法之旅前也會找時間造訪法國各地。

回國。設立「河田甜點研究所」

1

2

1、2）1975年7月回國，8月在埼玉浦和（今埼玉市）開業。照片為開業後舉辦的宴會。「BOUL'MICH」吉田菊次郎先生、「Dolcia」的木村修先生等許多職人好友們齊聚一堂。

3、4）在工作坊2樓露台舉辦餐會，聚集了大約15人。參加者包含「Patisserie Du Chef Fujiu」的藤生義治、「Clermont-Ferrand」的酒井雅夫、「莫梅森」（Malmaison）的大山榮藏、「Île de St.Louis」的遠藤正俊，還有經營「Arpajon」、「Voila」的棟田純一等人。

4

3

2

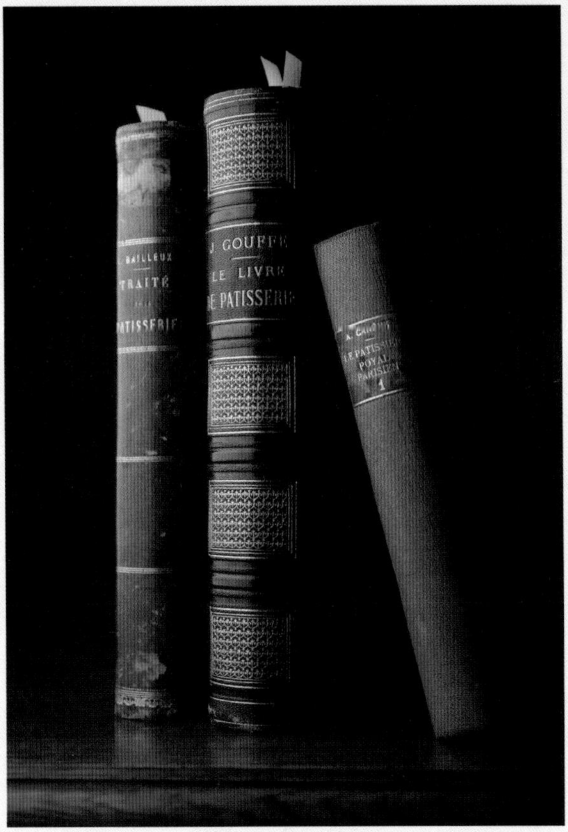

1

在法國收集的古書和器具

Column

3

1、2）1970年代前後在「邦斯（Pons）」修業期間深受料理和甜點類古書吸引，所以很努力地把薪水存下來，蒐購安東尼．卡瑞蒙（Antoine Carême）、居勒　古菲（Jules Gouffé）、于爾班．杜柏瓦（Urbain Dubois）的著作，其中還包含了花掉我3個月的薪水，好不容易才弄到手的珍貴書籍。 3）店舖牆上的裝飾來自古書裡的插畫，描繪著天使們正在製作冷凍甜點。 4）跟許多法國人詢問後，才終於入手的冷凍甜點模具，有半球形、木瓜形等。 5）很多器具的使用年分已久，花嘴則是金屬材質。

5

4

Biscuit aux Fruits

水果海綿蛋糕

法國甜點店的固執，
打造出如草莓蛋糕般的法式甜點

Biscuit aux Fruits

我人生中第一個跟西式甜點有關的回憶，是國中某一年的聖誕節，姊姊買給我的「不二家」草莓蛋糕。無論是海綿蛋糕，還是鮮奶油的口感都令我無比驚豔，心想「原來這就是西式風味啊！好時尚的感覺！」周圍還撒了銀色糖珠呢。說實在的，那時家裡根本不可能出現如此洋風的料理，就算吃過派駐軍隊給的賀喜巧克力，蛋糕這玩意可不會出現在日常生活中。頂多是會吃家附近麵包店的條狀麵包（日文：コッペパン，形狀像是熱狗堡的麵包）。後來進入「米津凮月堂」擔任甜點職人，我還記得自己曾負責草莓蛋糕最後加工的步驟，那時要在鬆軟的海綿蛋糕間夾入罐頭水蜜桃和鳳梨，每天應該有做１０００個左右。

不過，我去法國的時候，決定要徹底忘記草莓蛋糕，還有自己在日本做過的甜點。因為，在法國看到的甜點跟當時日本的甜點差異實在太大。簡單來說，日本的「洋菓子」（西式甜點）和法國的「法式甜點」（pâtisserie）是不一樣的東西。除了甜點本身不同，就連材料質地、呈現

與思維方式、職人的製作模式更是全然不同。感覺就像是日本鬆軟溼潤的海綿蛋糕，對比法國入口即化，能感受到麵粉風味且充滿存在感的傑諾瓦士蛋糕（Génoise）間的差異。我當時心想，如果一直被日本的思維侷限，絕對會跟不上法國人的腳步。於是，身為一位甜點師，我決定讓自己像張白紙，徹底吸收法國甜點給人的感受。

不是草莓蛋糕，是水果海綿蛋糕，追求法式甜點應有的呈現方式

在「Au Bon Vieux Temps」沒賣所謂的草莓蛋糕，並不是因為我抗拒帶有日本風的西式甜點，而是我在法國甜點店工作時，真的沒做過草莓蛋糕，在構思自己的店鋪時也沒有這個選項。不過，我用自製堅果醬和杏仁膏所做的甜點在開店初期可說是乏人問津，客人們會口徑一致地詢問「沒有草莓蛋糕嗎？」。甚至我太太也表示：來賣吧，賣草莓蛋糕。終於在開店2～3年後看開，賣起了「法式草莓蛋糕」（Biscuit aux Fraises），在傑諾瓦士蛋糕夾入鮮奶油和草莓。不過，因為蛋糕保有水分，質地濕潤，跟日本會烤到變淡黃色的海綿蛋糕完全不同。麵粉包覆串連起鬆軟膨脹變大的氣泡，經烘烤後水分散逸，帶有彈性的法式風格傑諾瓦士蛋糕。抹在傑諾瓦士蛋糕的糖漿糖度則是在30度波美糖漿中加入等量的酒，也就是法式甜點基本甜度的18度波美度，所以對我而言，這款甜點不是草莓蛋糕。

用醃泡過草莓，帶有風味的白蘭地（Eau de Vie）「草莓酒」（Infusion de fraises）加入糖漿，塗抹在傑諾瓦士蛋糕上，接著夾入以3：1比例混合卡士達醬和香緹鮮奶油，製成濃郁的外交官奶油，搭配上多種季節性水果。上面還有濃郁的香緹鮮奶油。

Biscuit aux Fruits

然而，我太太卻在商品名後面括號寫了草莓蛋糕，開心地上架銷售（苦笑）。推出後確實也賣得很好，成了店裡最受歡迎的品項，但我自己還是很不認同，難以接受。

就在「法式草莓蛋糕」推出10年左右，我力排眾議，改賣起「水果海綿蛋糕」。水果除了草莓，還使用了覆盆子、奇異果、香蕉，中間夾的鮮奶油也換成了外交官奶油（Crème Diplomate）。果然，換成「水果海綿蛋糕」後2、3年的銷量又是少得可憐（笑）。不過，我還是很堅持製作，到了今日仍繼續銷售。進入聖誕季節或有客人特別下訂時，也會製作全草莓版本的水果海綿蛋糕，不過蛋糕體、鮮奶油、糖漿的部分都維持不變。

我並不是要告訴各位，「如果是甜點師，就不該製作草莓蛋糕呦」，這完全取決於店主想要怎麼呈現自己的店鋪。不過，我認為如果要打著法式甜點店的名號，那麼無論名稱、作法，還是風格，就必須有法式甜點的元素。德式、義式、維也納式、英式……其實每個國家的甜點都有自己的呈現方式。打著○○甜點店的名號，卻是混賣著各個國家的甜點，就會讓人困惑，你究竟是賣什麼？如果是法式甜點店，就有可能是「法式草莓蛋糕」或「水果海綿蛋糕」，但怎樣都不會是「草莓蛋糕」，至少對我而言是這樣。

Biscuit aux Fruits

水果海綿蛋糕

〔 材料 〕

7×3cm、12個分

基本傑諾瓦士蛋糕
génoise ordinaire
約40×30×高5cm烤盤、1片分

全蛋 *œufs entiers* 5顆
精製白糖 *sucre semoule* 200g
低筋麵粉 *farine ordinaire* 200g
融化奶油（加溫至35℃）
beurre fondu 100g

外交官奶油 *crème diplomate*

卡士達醬（→「基本」P.162）
crème pâtissière 175g
吉利丁片 *gélatine en feuilles* 2g（1片）
香緹鮮奶油*（→「基本」P.162）
crème chantilly 58g
*打至八分發。

糖漿 *sirop d'imbiber*

30度波美糖漿（→「基本」P.169）
sirop à 30° Baume 50g
草莓酒 *Infusion de fraise*
（Quarteron的「Jacques de la Pallue 31°」） 50g
※混合上述材料。

內餡 *garniture*

香蕉*1 *bananes* 適量Q.S.
奇異果*1 *kiwis* 適量Q.S.
草莓*2 *fraises* 適量Q.S.
覆盆子*3 *framboises* 適量Q.S.
藍莓 *myrtilles* 適量Q.S.
*1 去皮切片。
*2 去除蒂頭，縱切成片狀。
*3 對半縱切。

香緹鮮奶油*（→「基本」P.162）
crème chantilly 約150g
草莓（縱切成1/4） *fraises* 適量Q.S.
白醋栗 *grosseilles branches* 適量Q.S.
紅醋栗 *grosseilles rouges* 適量Q.S.
藍莓（對半橫切） *myrtilles* 適量Q.S.
鏡面果膠（→「基本」P.164）
nappage neutre 適量Q.S.
*打至八分發。
※可搭配色彩換成當季水果。

製作基本傑諾瓦士蛋糕

1

將全蛋、精製白糖放入攪拌盆，裝上打蛋器，以高速攪拌至接近八分發（整體大致打發的狀態）。降至中速，讓質地維持滑順，並出現亮澤，直到用打蛋器撈起時，麵糊會像緞帶般慢慢滑落（八分發左右）。

※完全打發的話，步驟**2**加入低筋麵粉後必須很辛苦地攪拌才能將材料拌勻，再加上過度出筋，烘烤時會很難膨脹，成品也會偏硬，務必多加留意。

2

邊加入篩過的低筋麵粉，邊以從盆裡撈起的方式用手稍微混拌。

3

倒入加溫至35℃的融化奶油，徹底拌勻直到沒有粉末，變成帶亮澤的黏稠狀。

4

在鋪有烘焙紙的39.2×30.4×高5cm烤盤抹上少量起酥油（分量外），倒入麵糊。烤盤輕敲工作桌，再以刮板大致刮平。

5

放入上下火皆為160℃的烤箱烘烤1小時30分鐘。將水果刀插入烤盤內壁和蛋糕間，在網架上翻面，讓蛋糕脫模。繼續在室溫下放涼，讓蛋糕變得不燙手，覆蓋保鮮膜，放入冰箱冷藏一晚。

製作外交官奶油

1

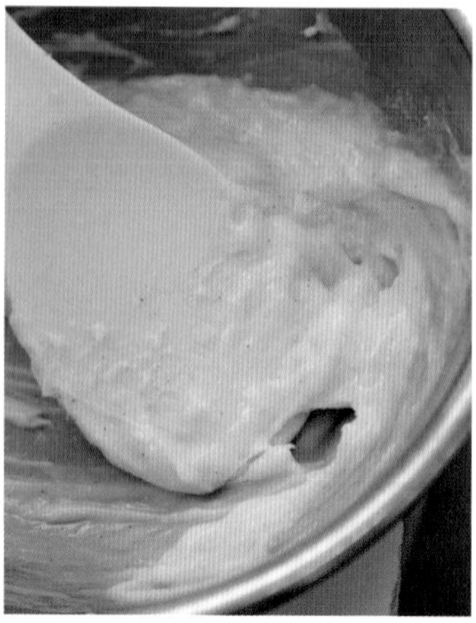

將卡士達醬倒入料理盆，以刮刀攪拌至滑順狀。

2

將泡水變軟的吉利丁片放入另一只料理盆，隔水加熱至融化。加入**1**，用刮刀充份拌勻。接著加入充分打發的香緹鮮奶油。

3

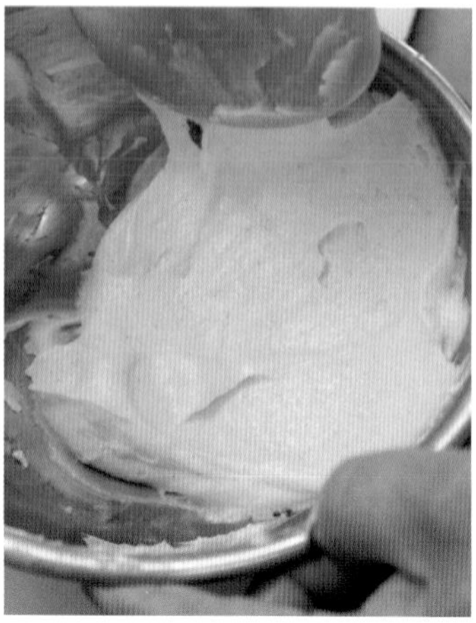

用刮刀整個拌勻。

組合、完成

1

撕掉基本傑諾瓦士蛋糕的烘焙紙，切成1cm厚的片狀後，再以鋸齒刀切十字，分成四等分（會變4塊大小分別為19.5×15cm的蛋糕）。取其中2片，每片皆用毛刷塗抹1/3分量的糖漿。

2

取一半的外交官奶油抹在塗了糖漿的蛋糕上，再以抹刀抹平推開。

3

將內餡排在蛋糕上，要注意配色，縫隙也不可過大。

4

將剩餘的外交官奶油抹上**3**，再以抹刀抹平推開。

5

用毛刷將1/3的糖漿塗在步驟**1**剩下的最後一片蛋糕上，翻面疊在**4**上方（已塗糖漿那面朝下），在表面塗抹剩下的糖漿。

6

在**5**放上打發的香緹鮮奶油，以抹刀抹平推開。將鋸齒刮板（裝飾用）稍微浸個熱水（分量外），把鮮奶油刮畫出線條。放入冰箱冷藏冷卻。

7

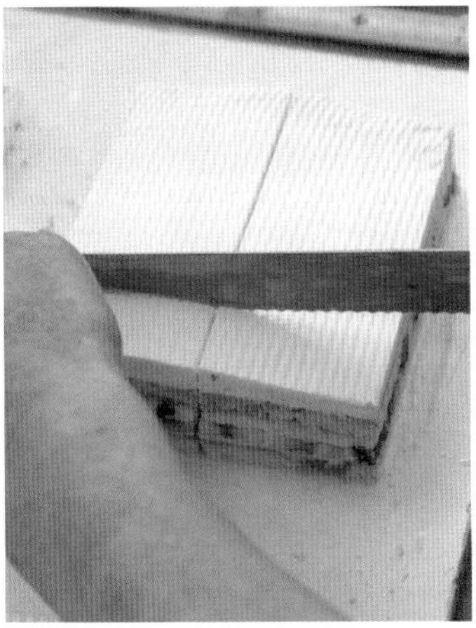

讓**6**的長邊靠向自己，用鋸齒刀切掉四個邊的邊緣。用鋸齒刀將蛋糕對半橫切（會變2塊大小分別為18×7cm的蛋糕），繼續縱切，分切出寬3cm，也就是7×3cm大的蛋糕。

8

擺上切成1/4大的草莓、剝小顆的白醋栗和紅醋栗、對半橫切的藍莓，分別用毛刷塗上鏡面果膠。

Bûche de Noël

聖誕樹幹蛋糕

以在法國學到的基本風格，製作木柴造型的聖誕節蛋糕

Bûche de Noël

我的孩童時光正值二戰剛結束那段期間，自然沒有在家慶祝聖誕節這類活動，頂多就是國中時，姊姊買給我的「不二家」聖誕蛋糕。我當然很謝謝姊姊，但要等到我1965年進入「米津凮月堂」擔任甜點主廚，才真正體會到什麼叫聖誕節。當時所說的聖誕節蛋糕，基本上就是草莓蛋糕或奶油霜蛋糕這2種，不過可別小看製作量，那真是多到讓我嘆為觀止。把烤出爐的海綿蛋糕疊在木板上，高度幾乎要碰到天花板。夾入罐頭水果，擠入鮮奶油，接著擺上許多砂糖製成的聖誕老人及其他裝飾。大夥人從聖誕節的4天前開始就會熬夜製作，非常厲害，這也是在甜點店工作必須要有的覺悟啊。

我第一次看到聖誕樹幹蛋糕，是在進「米津凮月堂」工作隔年的1966年。我已經忘記當時是聽誰說的，得知「S Weil」的大谷長吉先生非常厲害，而這位大谷先生要參加甜點博覽會的展覽，於是心想可以前往參觀。在會場看見了聖誕樹幹蛋糕，不過當時只有看，不能吃，所以僅

覺得「真有趣」。

日本西式甜點的發展在那時還沒有很進步，所以大谷先生在店鋪或展覽會上展示的甜點世界，其實跟我自己平常製作的洋菓子完全不同，可以說是相當特別。不只有國王派，還有法式千層酥、椒鹽酥條（Sacristain）這類將千層酥皮（Feuilletage）徹底烘烤過的甜點，讓人有股「這些就是法式甜點啊！」的感覺，帶給我極大衝擊。我深受這些甜點魅力吸引，會想要了解更多，於是多次造訪店鋪，我還買了大谷先生和內海安雄先生的共同著作《洋菓子》（1963年，柴田書店出版）。書中完整彙整法式甜點既經典又基礎的部分，我更將書本一起帶往法國呢。裡頭還第一次提到被視為甜點師基礎書籍，也就是跟《Traité de pâtisserie moderne（近代製菓概論）》一樣的食譜。我這才發現，大谷先生是原汁原味地將所謂的法式甜點世界介紹給人在日本的我們，實在相當感激呢。

真正的聖誕節其實比預期的更寧靜，忙碌程度大概是日本體驗到的20分之1

實際到了法國後，發現無論是哪間甜點店，講到聖誕節蛋糕基本上全是指聖誕樹幹蛋糕。每間店的裝飾方式或許會有點不同，但可見之處都是聖誕樹幹蛋糕，那情景實在令我印象深刻。就以我在法國工作的第一間甜點店「西達（Syda）」來說，我們會用傑諾瓦士蛋糕捲入法式奶油霜，做成

把加入栗子醬的栗子香緹鮮奶油，抹在使用了生杏仁膏（Pâte d'amande crue），質地Q彈的海綿蛋糕上並捲起，製成聖誕樹幹蛋糕。擠上甘納許呈現樹幹的切口，表面塗抹栗子奶油霜，加工出木紋模樣，再以蘑菇造型的蛋白霜、巧克力製成的聖誕花圈做裝飾。

Bûche de Noël

香草、巧克力、栗子、摩卡、堅果醬五種口味。雖然都是傳統口味，但因為奶油霜本身的風味極佳，所以整體可是非常美味呢。

不過啊，我到了法國之後很驚訝，有種「聖誕節怎麼會這麼閒？」的感覺，因為忙碌程度可能只有日本體驗到的20分之1。每間甜點店製作的聖誕樹幹蛋糕似乎就３００條，所以會有股「咦？只做這些？」的疑問。法國人習慣跟家人共度聖誕節，所以上街後會發現非常寧靜。香榭麗舍大道和百貨公司附近雖然也是會有聖誕燈飾，除此之外就沒什麼特別的。12月24日前往教會的年輕人不多，更沒有在日本會看到的飲酒步行群眾，幾乎沒什麼讓人覺得開心的回憶呢。

就算開了「Au Bon Vieux Temps」，我心中的聖誕節蛋糕也沒變，還是聖誕樹幹蛋糕。不過因為太太一直抱怨，我只好另外做了些草莓蛋糕。

我在製作聖誕樹幹蛋糕時，會用海綿蛋糕捲入奶油霜，做成木柴造型，接著加入地錦、紅果實、蘑菇等裝飾，這些都跟我在法國學會的方法一樣。對我來說，這才是聖誕樹幹蛋糕應該要有的模樣，既然所學如此，當然就要將所學發揮，這才是所謂的傳統吧。在奶油霜加工出木紋模樣的方式也是延續以往，用鋸齒刮板，而非直接用造型花嘴。不對，當年其實也還沒有鋸齒刮板，所以是用叉子。對我來說，用叉子反而看起來更自然，更漂亮呢。

Bûche de Noël

聖誕樹幹蛋糕

〔 材料 〕

長18cm、4條分

杏仁海綿蛋糕 *biscuit d'amandes*
約40×30cm烤盤、2片分

- 生杏仁膏（回至室溫）（→「基本」P.166）
  pâte d'amandes crue 150g
- 全蛋* *œuf entier* 1顆
- 蛋黃* *jaunes d'œufs* 4顆分
- 糖粉 *sucre glace* 100g
- 蛋白 *blanc d'œufs* 120g
- 精製白糖 *sucre semoule* 12g
- 低筋麵粉 *farine ordinaire* 95g
- 融化奶油（加溫至35℃）
  beurre fondu 37.5g

＊全部打散攪拌均勻。

栗子奶油霜 *crème marrons*

- 栗子醬 *pâte de marrons* 500g
- 奶油（切塊） *beurre* 200g
- 牛奶 *lait* 50g
- 蘭姆酒 *rhum* 25g
- 義式蛋白霜（→「基本」P.169）
  meringue italienne 75g

栗子香緹鮮奶油
crème chantilly aux marrons

- 鮮奶油（乳脂肪含量47%）
  crème fraîche 47% MG 200g
- 栗子醬（Marron Royal出品的「Crème de marrons」
  crème de marrons 200g

巧克力霜 *crème chocolat*

- 法式奶油霜（→「基本」P.161）
  crème au beurre 100g

- 甘納許（→「基本」P.161） *ganache* 100g
- 可可塊（融化） *pâte de cacao* 10g

色粉（綠、黃、紅）
colorant（vert, jaune, rouge） 各適量Q.S.

濃縮咖啡液（→「基本」P.163）
extrait de café 適量Q.S.

水 *eau* 適量Q.S.

巧克力聖誕花圈裝飾
décoration de chocolat 4個

巧克力片裝飾
décoration de chocolat 4個

蘑菇造型義式蛋白霜*
champignons de meringue italienne 4個

柊樹與鈴鐺裝飾 *décoration de noël* 4個

樵夫造型人物 *décoration de noël* 4個

巧克力柵欄裝飾
dération de chocolat 4個

裝飾用巧克力薄片
décoration de chocolat 適量Q.S.

＊將義式蛋白霜倒入直徑10cm的圓形花嘴擠花袋，在烤盤擠出圓錐形，繼續在上方擠花重疊，變成球狀，並撒點可可粉。放入發酵箱一晚使其乾燥。

製作杏仁海綿蛋糕

1

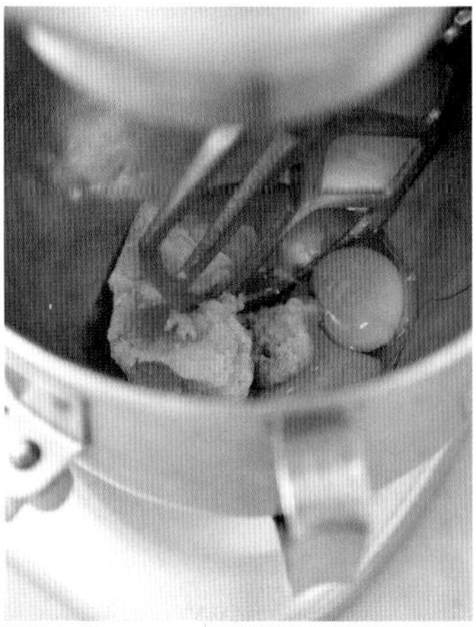

將回至室溫的生杏仁膏、1/3事先打散拌勻的全蛋及蛋黃液倒入攪拌器的鋼盆裡，裝上攪拌頭，以中速攪拌，將所有材料拌勻。

2

降至低速，加入篩過的糖粉。再次以中速攪拌，直到看不見粉末。暫時停止，將附著在鋼盆內壁和攪拌頭的麵團刮下。繼續以中速攪拌直到打發，麵糊泛白變膨。

3

將步驟**1**剩餘的全蛋及蛋黃液再分2次加入，每次加一半，加入後以中速打發，讓麵糊泛白變膨，直到會像緞帶般慢慢滑落。

※用高速打發的話會無法拌勻，烘烤時容易結塊，中間的質地也會變硬，所以要改以中速慢慢打發。

4

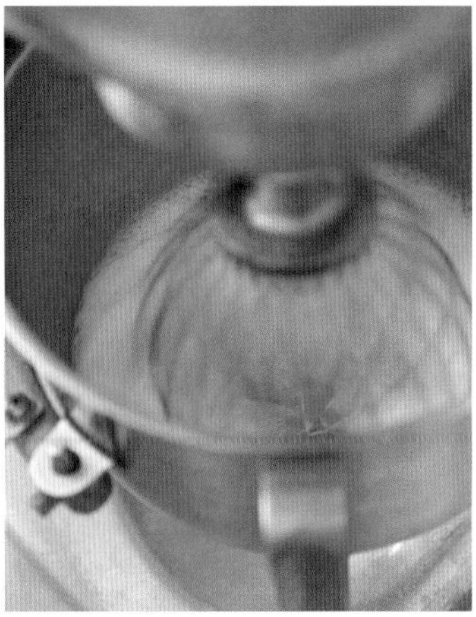

進行步驟**3**的同時，將蛋白放入另一只鋼盆，以高速打發。打至五～六分發時，分次加入少量精製白糖，將蛋白徹底打發。

5

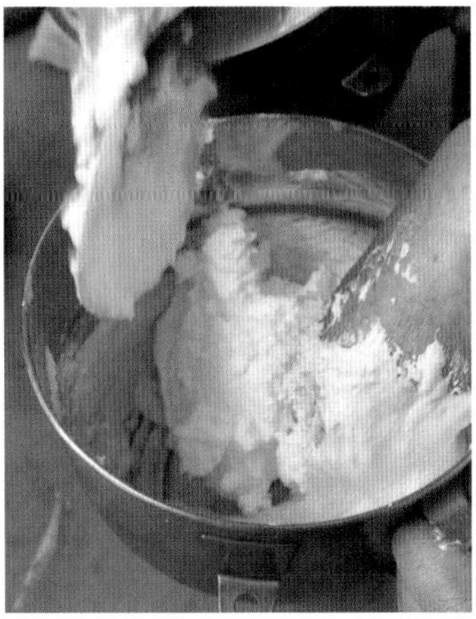

將篩過的低筋麵粉加入**3**，再用刮板撈2坨**4**的蛋白加入，並用手稍作混拌。

6

加入融化奶油，持續攪拌直到完全均勻且帶亮澤。

7

準備2張38.4×29.2cm的烘焙紙，橫鋪在工作桌上，紙張短邊要重疊1cm，從左邊開始倒下**6**。接著使用麵糊刮平器（Raplette，亦可用抹刀），將麵糊刮平，厚度約為8mm。

8

將**7**連同烘焙紙，一張張分別擺入40×30cm的烤盤，並以上下火皆為230℃的烤箱烘烤約7分鐘，出爐後連同烘焙紙置於網架，在室溫下放涼。

製作栗子奶油霜

1

將市售栗子醬放入攪拌器的鋼盆裡，裝上攪拌頭，以低速攪拌。立刻加入切塊的奶油，持續攪拌至均勻滑順。

2

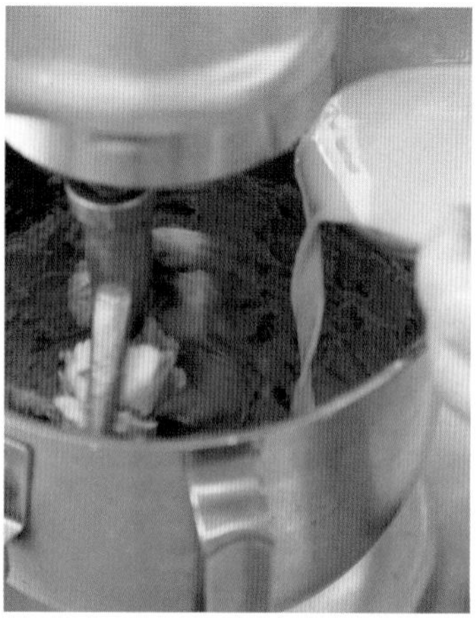

將牛奶與蘭姆酒混合後，加入**1**，繼續攪拌，切換至高速，徹底打發。

※如果不充分打發，讓裡頭含有空氣，口感將變得厚重。

3

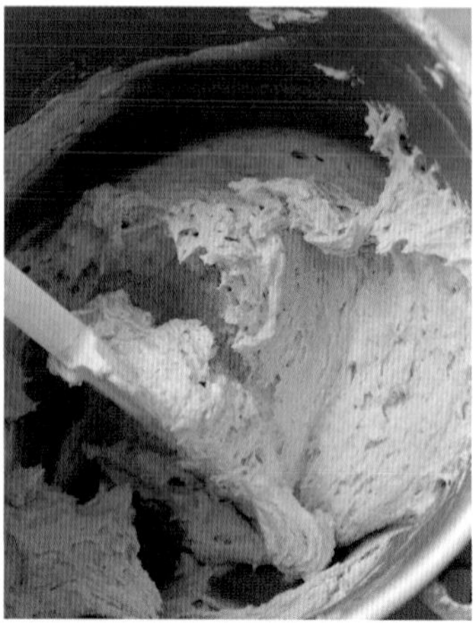

加入義式蛋白霜，用橡膠刮刀拌勻。

製作 栗子香緹鮮奶油

1

鮮奶油倒入料理盆，以打蛋器攪拌打至六分發。

2

另外準備一只料理盆，倒入栗子奶油霜，接著撈一坨**1**加入。將盆底浸在冰水中，用刮刀徹底拌勻。將剩餘的**1**加入，繼續攪拌至整體均勻。

組裝1

1

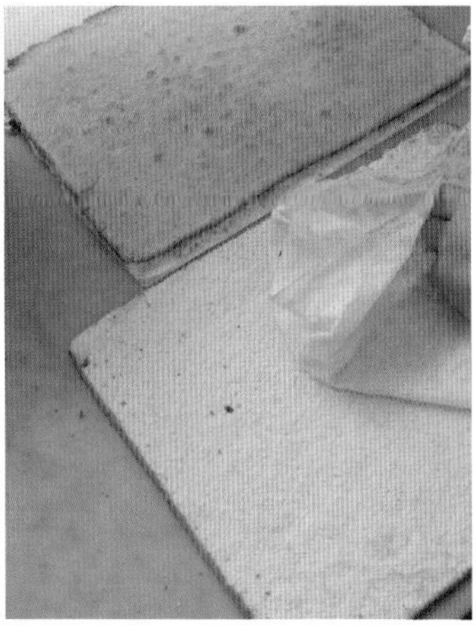

將杏仁海綿蛋糕翻面，撕掉烘焙紙。繼續將海綿蛋糕擺在烘焙紙上，蛋糕烤面要朝上。將長邊橫擺，置於工作桌上。

2

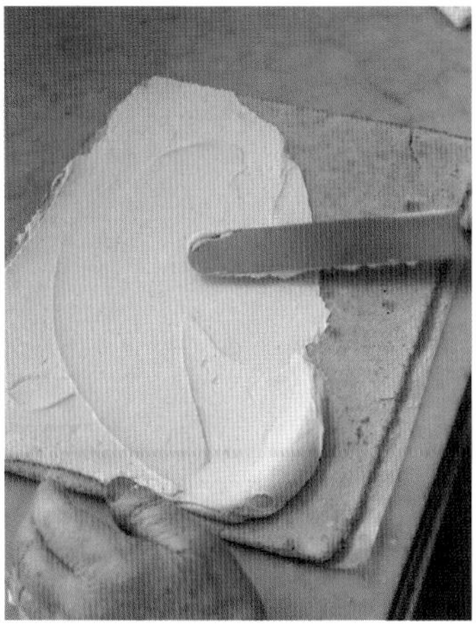

在每片杏仁海綿蛋糕擺上200g的**1**，用L型抹刀刮開抹平。

※靠近手邊的餡料可以抹薄一點，這樣會比較好捲。

3

用抹刀沿著蛋糕比較靠近自己的長邊，輕輕橫壓出2條間隔約1cm寬的線條。

4

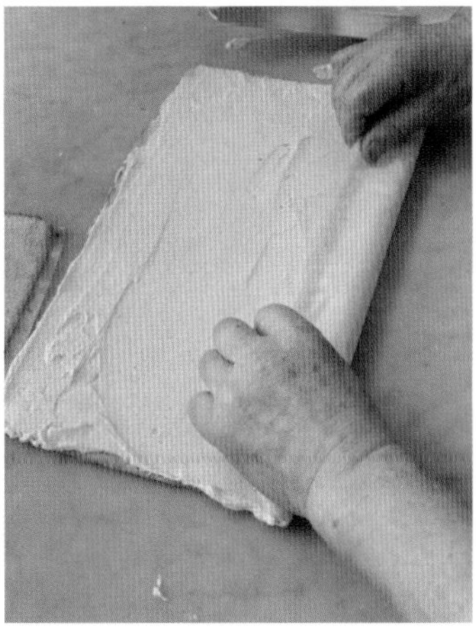

邊提起烘焙紙，邊將蛋糕捲起。捲完後，用烘焙紙裹住，整塑好形狀後，拉緊烘焙紙，避免蛋糕散開。直接放上砧板，置於冷藏冰涼。

製作巧克力霜

1

將法式奶油霜倒入料理盆，接著依序加入甘納許、融化的可可塊，每加入一樣材料時，就要用打蛋器攪拌均勻。

組裝2、完成

1

將〈組裝1〉的**4**放置工作桌，拿掉烘焙紙。用鋸齒刀切掉頭尾兩側，再分切成長18cm的蛋糕塊。

2

將步驟**1**切下的邊塊再切半。用抹刀在**1**表面的兩個位置抹上大量栗子奶油霜，接著分別擺上切半的蛋糕邊塊。

※邊塊的部分營造出樹枝從樹幹上被切下來的切口。

3

用抹刀在**2**的表面塗抹栗子奶油霜，將蛋糕完整覆蓋。

4

將栗子奶油霜倒入裝上直徑10mm圓形花嘴的擠花袋中，沿著兩側切口以及步驟**2**裝飾上的蛋糕切塊，將奶油霜繞邊緣擠一圈。

5

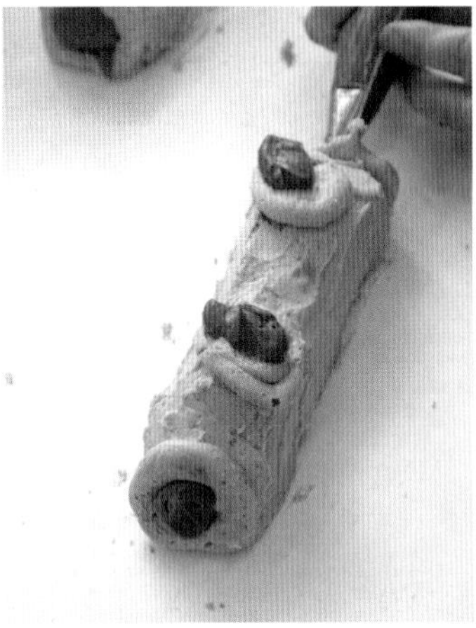

將巧克力霜倒入裝上直徑10mm圓形花嘴的擠花袋中，分別擠入步驟**4**奶油霜的中心。

6

將鋸齒刮板稍微浸個熱水。除了步驟**5**擠了巧克力霜的區域，都要用刮板在表面刮出木紋模樣。放入急冷冰箱，冰至用刀子切開時，切面會非常完整漂亮的硬度。

7

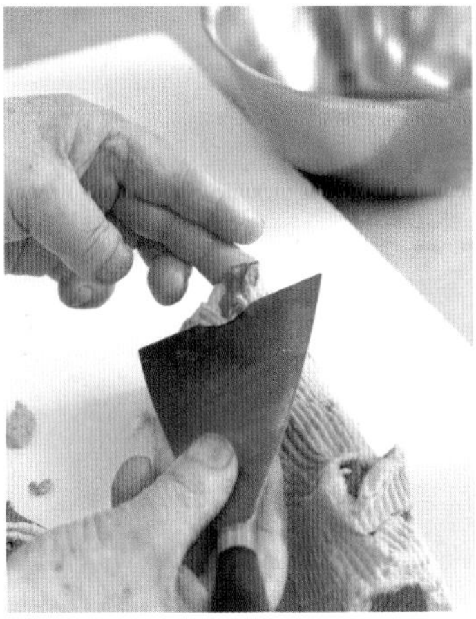

將三角鋸齒刮板浸個熱水，垂直切掉兩側切口上擠入的栗子奶油霜和巧克力霜。另外，也要筆直切掉步驟**2**蛋糕邊塊上多餘的霜料。

8

取些許剩餘的栗子奶油霜放入料理盆，加入以水溶開的綠色及黃色色粉、濃縮咖啡液調色。填入紙捲擠花袋，稍微剪掉前頭，在**8**的表面擠出地錦藤蔓造型。接著再將紙捲擠花袋剪成山形，擠出葉子形狀。

9

取些許剩餘的栗子奶油霜放入另一只料理盆，加入以水溶開的紅色色粉調色。填入紙捲擠花袋，在**9**的葉子上擠出紅色圓形果實。

10

擺上巧克力聖誕花圈、板子、蘑菇造型蛋白霜以及其他裝飾加以點綴。

Petits Fours
法式一口甜點

法式一口甜點有個大前提，那就是整體必須夠協調，各自擁有不同魅力的小甜點組合

Petits Fours

法式一口甜點是我在法國工作時相當普遍的甜點，每間店一定都會製作，沒有提供的甜點店反而會變異類。可分成新鮮、半乾與乾燥幾個類型，每個類型又可細分出許多小種類，排列在展示櫃的模樣相當賞心悅目。

法式一口甜點最常見於宴會場合，又以我在「柏蒂與夏博（Potel et Chabot）」工作期間的製作量最為驚人！光是卡洛琳（Caroline，小型閃電泡芙）就做了約1000條，從清晨2點開始上班，便不停地澆淋翻糖。顏色、形狀、味道，甚至是口感皆不同的各種法式一口甜點擺放在大盤子時，看起來真的非常壯觀，光用眼睛看就覺得是種享受。就我而言，應該也是在這段期間建構出自己對法式一口甜點的印象吧。

所謂法式一口甜點，是指用手拿取食用，也就是一口就能放入嘴裡的小甜點。那麼，只要把甜點做成小尺寸，就都能稱作法式一口甜點嗎？其實不然。首先必須是充滿協調性（Assort），兼具視覺、味覺享受的組合。

再者，必須是一口品嘗後就能明顯感受到味道與香氣，呈現出強有力表現的品項。製作時還必須使用適合法式一口甜點的專用麵團（麵糊）。另外，新鮮類一口甜點更講究透過翻糖或果凍膠來加入細緻的裝飾點綴。不僅費工耗時，還需要相關知識與技巧。我想，這也是法式一口甜點本身所具備，不同於一般餐後甜點及小甜點的魅力在。

法式一口甜點不等於曲奇餅，想要做出美味成品的方法論更是完全迥異

在我的店裡雖然也會將新鮮、半乾與乾燥類一口甜點搭配組合販售，但乾燥類一口甜點的人氣明顯高出許多。沙布蕾（Sablé）、塔類甜點、貓舌頭餅乾、雪茄餅、千層酥皮、瓦片酥、蛋白餅等，使用這些麵團（麵糊）的甜點成品味道及口感不僅非常多樣，再搭配上堅果、自製果醬、堅果醬、甘納許、果凍膠等材料後，變化又會更加多元，充分展現出一個個不同的味道及香氣。直接購買現成的副原料當然方便，但味道及香氣可能會較為薄弱，顏色表現上也不夠美麗，甚至無法充分呈現出自己想表達的樣貌。另外，千萬不能把法式一口甜點當成可以久放的甜點，每天烘烤提供最新鮮的成品亦是重要。放個幾天雖然還能吃，但風味及口感一定會隨之劣化。

在捲起的餅乾中塞入榛果堅果醬的「堅果甜筒酥」、千層酥皮焦化後香氣四溢的「普蕾歐（Préor）」、在擠了杏仁膏（raw marzipan）的杏仁風味塔皮中倒入醋栗凍的「醋栗圓餅」等，集結了多彩風味、形狀和口感小甜點的法式一口小餅乾。

Petits Fours

法式一口甜點常被叫作曲奇餅Cookie，但我還是覺得，「跟曲奇餅應該還是不太樣吧？」不過，我自己沒做過曲奇餅，所以不太清楚實際上究竟一不一樣。但我可以肯定的是，法式一口小餅乾絕對是多種品項搭配組合，種類不僅豐富，更是讓人容易入口的硬度。反觀，曲奇餅基本上都還蠻大塊的，味道、香氣甚至是口感也頗為類似，都會給人較硬的感覺。而且，單賣一款品項的情況還蠻常見的。所以，還是不能跟法式一口甜點劃上等號。我認為，曲奇餅應該有自己的一套方法論和形態表現，讓人能夠做出美味的成品，這些內容不會跟法式一口甜點的相同，更不該混為一談。

我到現在還會回想起，「Caprice」這間位於阿爾薩斯地區（Alsace）米盧斯（Mulhouse）的店舖所販售的法式一口小餅乾，那真的是太令人驚艷了！不只使用了非常多種的麵糊（麵團），有些會夾入果醬，有些還會混入糖漬水果或加以裝飾。巴黎的法式一口小餅乾基本上都只有進爐烘烤這道步驟，製作非常簡單。相較之下，「Caprice」的品項就相當華麗，豐富多元，能從中感受到職人高超的技術與熱忱，這也讓我情緒上非常激昂，更成了我自己在製作法式一口小餅乾時的基礎。不過，很可惜的是，像這種能透過傑出的工作帶給人感動的店家已經越來愈少了。

Cornets Pralinés

堅果甜筒酥

〔 材料 〕

約160個分

雪茄餅 *pâte à cigarette*

奶油 *beurre* 75g

精製白糖 *sucre semoule* 81g

杏仁糖粉（→「基本」P.163） *T.P.T.* 46g

蛋白* *blancs d'œufs* 100g

低筋麵粉 *farine ordinaire* 75g

＊新鮮蛋白會使成品縮水，所以要避免太過新鮮的蛋白。

餅乾用堅果醬（→「基本」P.168）

praliné aux fours secs 適量Q.S.

杏仁角

amandes hachées 適量Q.S.

30度波美糖漿（→「基本」P.169）

sirop à 30°Baume 適量Q.S

菠菜粉 *poudre d'épinard* 適量Q.S

※用極少量的30度波美糖漿將杏仁角裹勻後，再裹上菠菜粉，置於室溫下乾燥。

製作雪茄餅

1

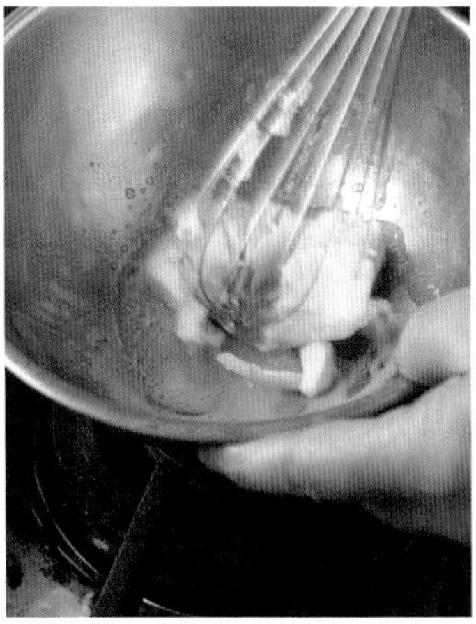

將冰過的奶油切成適當大小，放入料理盆。用打蛋器攪拌奶油，過程中盆底要時而靠在爐火上加熱，時而離開火源，直到奶油變成帶點流動性，且些許稠度的柔軟膏狀。

2

加入精製白糖，將打蛋器貼著盆底攪拌，避免拌入空氣。加入杏仁糖粉，以相同方式繼續攪拌。

3

將蛋白分三次加入，每加入一次就要將打蛋器貼著盆底徹底拌勻。

4

加入篩過的低筋麵粉，以相同方式繼續拌勻。

5

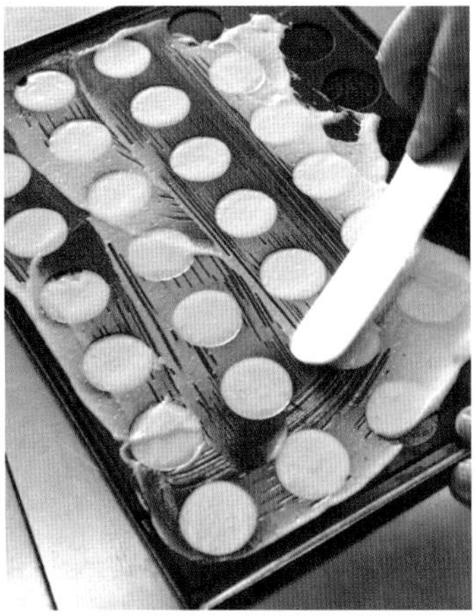

在氟碳樹脂製成的烤盤塗上薄薄一層起酥油（分量外），擺上直徑3.5×厚2mm的圓形無底烤模。用抹刀填入適量的**4**，均勻地抹開刮平。

6

放入上下火皆為200℃的烤箱烘烤約6分鐘。

※書中使用的無底烤模每次能烤約35片餅乾，所以要準備35個口徑3cm×長8cm的圓錐模。圓錐模數量有限，再加上要接續步驟**7**、**8**的作業，所以務必錯開每盤餅乾出爐的時間。

7

餅乾出爐後，立刻用小型三角刮板從烤盤鏟起。迅速捲入圓錐模，烤面要記得朝外，置於室溫下。

8

餅乾放涼後會立刻成型，這時就能將圓錐模倒扣在手上，讓餅乾脫模。

完成

1

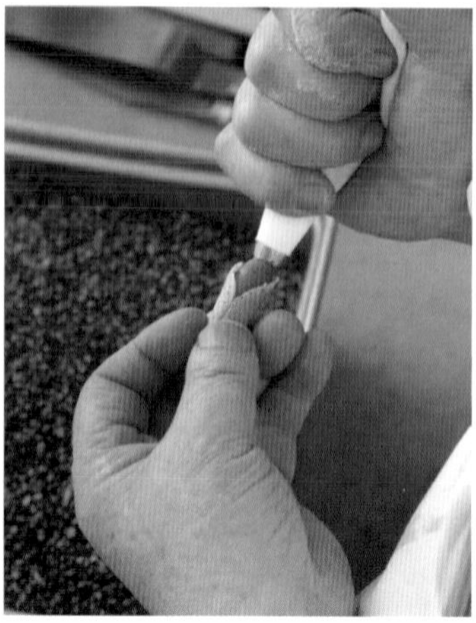

將餅乾用堅果醬填入裝有直徑7mm圓形花嘴的擠花袋，擠入雪茄餅中。

2

把已經用菠菜粉染色的杏仁角鋪放在料理盤，用**1**的堅果醬沾黏杏仁角。

3

排放於烤盤，室溫下靜置一晚使其變硬。

Miroirs

鏡面餅

〔 材料 〕

38個分

麵糊 *pâte*

蛋白 *blancs d'œufs* 50g

精製白糖 *sucre semoule* 20g

杏仁糖粉*（→「基本」P.163）

T.P.T. 100g

低筋麵粉* *farine ordinaire* 10g

＊混合後篩過。

杏仁奶油醬（→「基本」P.162）

crème d'amandes 適量Q.S.

杏桃果醬覆面*（→「基本」P.161）

glaçage d'abricot 適量Q.S.

覆面糖衣（→「基本」P.161）

glace à l'eau 適量Q.S.

杏仁角 *amandes hachées* 適量Q.S.

製作麵糊

1

將蛋白倒入攪拌機鋼盆，以高速攪拌至六分發，逐次少量加入精製白糖，繼續攪拌直到完全打發。

2

將已經混合篩過的杏仁糖粉、低筋麵粉加入鋼盆，過程中要以橡膠刮刀充分攪拌，直到完全拌勻，且帶有亮澤。

3

將**2**填入裝有直徑9mm圓形花嘴的擠花袋，在氟碳樹脂製成的烤盤擠出長軸4cm×短軸2cm的橢圓形。

4

在**3**的烤盤邊緣擺入大量杏仁角，將烤盤傾斜，稍微高甩，讓杏仁角朝另一邊移動，使所有的麵糊都有沾附到杏仁角。

5

將杏仁奶油醬填入裝有直徑5mm圓形花嘴的擠花袋，在**4**的中間擠入一條約2cm長的直線。

6

放入上下火皆為180℃的烤箱烘烤約23分鐘。出爐後於室溫下放涼至不燙手。

完成

1

將杏桃果醬覆面放入鍋中加熱煮沸。用毛刷塗抹在餅乾烘烤後的杏仁奶油醬上。

2

用毛刷在**1**的杏桃果醬覆面塗上一層薄薄的覆面糖衣。

※太厚會使糖衣不易變乾，過段時間就會融化變成糖漿。

3

放入上下火皆為180℃的烤箱加熱約30秒。出爐後，即可於室溫下放乾。

※乾掉後就會有鏡面的亮澤效果。

Langues aux Épices

香料夾心餅

〔 材料 〕

約38個分

麵團 *pâte*

奶油 *beurre* 160g

糖粉 *sucre glace* 70g

鹽 *sel* 2g

低筋麵粉* *farine ordinaire* 240g

杏仁糖粉*（→「基本」P.163）

T.P.T. 108g

肉桂粉* *cannelle en poudre* 4g

肉豆蔻粉* *muscade en poudre* 2g

全蛋（打散） *œufs entiers* 36g

＊混合後篩過。

帶籽覆盆子果醬*2（→「基本」P.163）
confiture de framboise pépines 適量Q.S.

塗抹用蛋液（全蛋＋濃縮咖啡液）
dorure (œufs entiers + extrait de café) 適量Q.S.

核桃（切半） *noix* 約19個

製作麵團

1

將冰過的奶油切成3～4塊，放入攪拌機鋼盆中，裝上攪拌頭，以低速攪拌至稍微帶點硬度的膏狀。

2

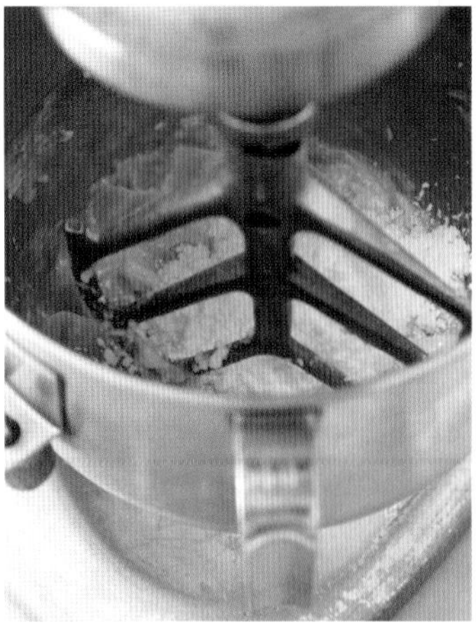

加入糖粉、鹽，稍微拌勻。

3

接著加入已經混合篩過的低筋麵粉、杏仁糖粉、肉桂粉、肉豆蔻粉，攪拌至看不見粉末的鬆散沙狀。加入打散的全蛋，稍微拌勻。

4

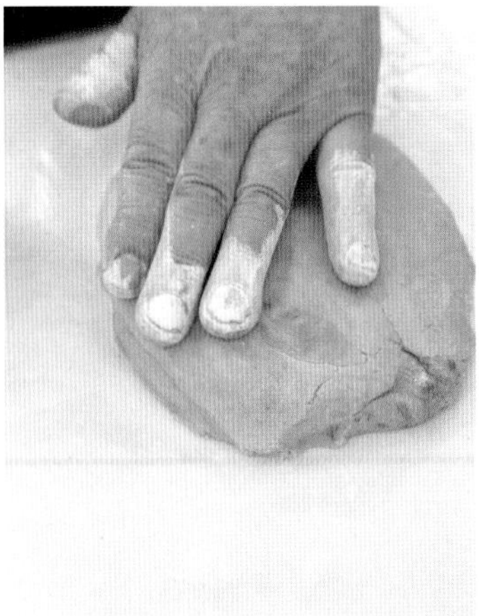

從攪拌盆取出麵團，用刮板從下往上撈的方式輕輕揉勻。搓揉成塊，以保鮮膜包裹，置於冰箱冷藏1小時。

※奶油配比較高的沙布蕾用麵團之一。稍微搓揉使麵團出筋，能避免烘烤時塌陷。

5

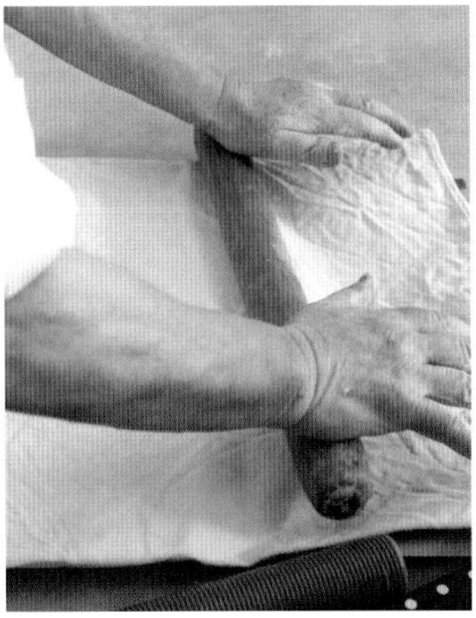

將帆布鋪在工作桌並撒點手粉。擺上**4**，折起帆布，並用擀麵棍在上方輾壓，將麵團推成5mm厚。

※麵團本身較軟容易沾黏，所以展延時要稍微撒點手粉，時而將帆布翻開剝下麵團，避免黏住。

6

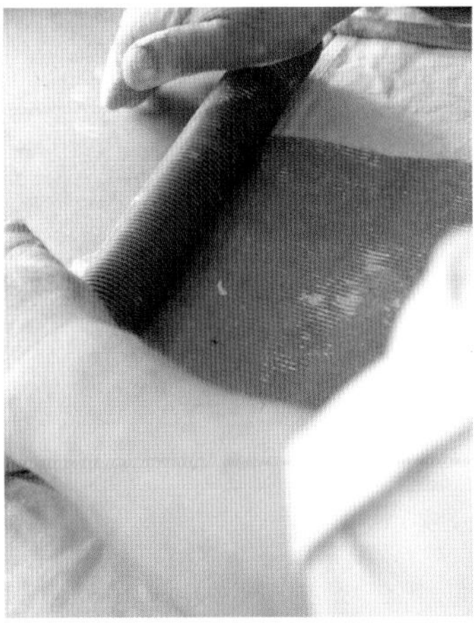

在麵團兩側擺放高3mm的棒子，滾動帶有條紋的擀麵棍，壓成3mm厚且帶有紋路的麵團。

7

用長軸5×短軸3.5cm的橢圓形切模。

※將剩餘麵團揉在一起，重複步驟**5**、**6**展延，再進行切模（建議回收再加工次數不要超過一次）。

8

在氟碳樹脂製成的烤盤噴點水（分量外），將**7**排列於上。以毛刷塗抹蛋液，置於室溫下，變乾後再塗一次。

9

將切半的核桃再切成一半，在**8**半數的麵團上擺放核桃，並用手指稍作按壓。

※要把核桃壓緊，避免烘烤時脫落。

10

放入上下火皆為180℃的烤箱烘烤18分鐘。出爐後直接在室溫下放涼。

完成

1

將沒有放核桃的餅乾翻面並排列整齊。將帶籽覆盆子果醬填入裝有直徑9mm圓形花嘴的擠花袋，在翻面的餅乾上擠入少量果醬（約莫2g）。

2

與**1**的餅乾相疊，放有核桃的那塊要朝上。

Vacherin

冷凍甜點

在巴黎學會的冷凍甜點，集結了甜點店具備的所有技術

甜點店的工作範圍很廣，除了有生菓子（濕糕點），還有要烘烤的甜點、維也納麵包、巧克力、糖果、冷凍甜點、雪酪（Sorbet，包含冰淇淋、冰沙），甚至是外燴料理，種類極多。我自始至終都認為，能夠網羅所有品項，提供多元豐富選擇供客人享受的店家，才是甜點店應有的模樣。不過，當中有個我一直很想入手，但礙於設備及空間所限，遲遲無法達成心願的品項，那就是冷凍甜點。

不過，就在2015年遷店重新開張之際，我終於利用這個機會，設置了冷凍甜點專用的廚房，雖然無法提供心中目標的冰淇淋蛋糕（Entremet Glacé），但至少能開始販售冰淇淋小甜點（Individuels Glacé）。我希望呈現出在巴黎學到的滋味。最近的冰淇淋蛋糕（包含冰淇淋小甜點）大多會使用環狀模製作，並澆上鏡面淋醬，或是用水果、馬卡龍來裝飾。不過，在我眼裡看來其實跟生菓子沒什麼差異，使用的材料基本上也都仿照冷凍甜點或雪酪。反觀，我在60年代末～70年代期間於巴黎學到的冰淇淋

Vacherin

蛋糕基底其實種類非常多元，包含了雞蛋冰淇淋（Glace aux oeufs）、法式冰淇淋（Crème glacée，未使用雞蛋的冰淇淋）、百匯冰淇淋（Parfait glacée）、慕斯冰淇淋、炸彈冰淇淋（Bombe Glacée）、牛軋糖冰淇淋（Nougat Glacé）等。因為配方和作法完全不同，嘗起來的口感及滋味當然也千變萬化。如果再和海綿蛋糕、傑諾瓦士蛋糕、蛋白霜加以組合，呈現上又會更加多元。另外，冷凍甜點還有各種形狀的錫製專用模，能呈現出與生菓子截然不同的豐富表現。即便到了今日，當年的冰淇淋蛋糕對我來說還是最充滿魅力、最美味的。

為了重現當年的那份美味，我興沖沖地到了巴黎尋找專用模具，結果怎麼找都找不到！問了烘焙用品店的年輕店員卻一問三不知，於是趕緊找來任職已久的大姐詢問，結果對方說，已經沒人會買那種東西，所以都丟了。這不就代表現在只剩鋁製模具嗎？我真是萬萬沒想到，竟然會找不到以前使用的模具。只好拚了命地在巴黎到處尋找，總算找到了為數不多的錫製模具，到今天仍珍惜使用著。

極具魅力及深度的冷凍甜點，將考驗身為甜點師的功夫

我認為，冷凍甜點可以說是甜點項目中，最講究所有關鍵的品項。

不只要煮好基本的英式奶油醬（Crème Anglaise）和蛋黃霜（Pâte à

把法國傳統甜點轉變成「Au Bon Vieux Temps」風格。將法式蛋白霜擠在環狀模側面，烤成收乾水分，口感輕盈的圓筒狀，接著疊放在杏仁甜塔皮上，擠入以大量大溪地產香草製成的法式冰淇淋，還有以等比例杏桃泥和30度波美糖漿製成的雪酪。漂亮的香緹鮮奶油擠花也令人印象深刻。

bombe），如果不按理論調整糖度，就會影響整體的協調性及化口性。另外還會牽涉到巧克力、糖果、烘烤類甜點等所有跟甜點店相關的工作。冷凍甜點一旦融化就完蛋了，所以必須講究比生菓子（濕糕點）更嚴格的製作技術，衛生方面也要隨時注意。換句話說，製作冷凍甜點的工作考驗著甜點師的工夫與知識。

讓我得以深入探索學習的，是巴黎的「柏蒂與夏博（Potel et Chabot）」餐廳。在這裡很常接到宴會工作，無論是製作的份量和種類都十分驚人！製作冰淇淋蛋糕時，必須穿著很像厚夾克的上衣，直接在冷凍庫裡作業，光是待個2～3小時身體就會凍僵。就連填模也是，必須在底下有氮氣流動的冰冷容器桶內作業，真的很冷呢。準備過程雖然辛苦，但看見這些成品在宴會上跟杏仁焦糖片、捏糖糖片一起擺設裝飾，就覺得非常壯觀。

我現在都還是會從當年的記憶和冷凍甜點古書尋找靈感，其中最喜愛的著作為1768年出版的『L'art de bien faire les glaces d'office（冷凍甜點精湛製法）』，當中有張插畫，是在描述天使們把做好的冷凍甜點送去給天上諸神。我在遷店時為了展現自己對製作冷凍甜點的企圖心，特別請人以這張插畫為主題繪成畫作，掛在店內牆上。希望能將我40～50年前在巴黎學到的，跟現在完全不同的冷凍甜點再次呈現，讓年輕甜點師們也能感受到冷凍甜點範疇的廣闊及表現上的豐富性。

Vacherin

法式冰淇淋蛋糕

〔 材料 〕

直徑約7cm，24個分

法式香草冰淇淋
crème glacée vanille

牛奶 *lait* 966g
香草莢* *gousse de vanille* 4.5支
全脂奶粉 *lait entier en poudre* 58.5g
水飴 *glucose* 75g
蛋黃 *jaunes d'œufs* 60g
精製白糖 *sucre semoule* 210g
奶油（切小塊） *beurre* 123g
＊大溪地產。縱切取出香草籽，香草莢也要使用。

杏仁甜塔皮（→「基本」P.166）
pâte sucrée aux amandes 400g

法式蛋白霜 *meringue française*
蛋白 *blancs d'œufs* 150g
精製白糖 *sucre semoule* 150g
糖粉 *sucre glace* 150g

杏桃雪酪 *sorbet abricot*
杏桃泥 *purée d'abrocot* 500g
30度波美糖漿（→「基本」P.169）
sirop à 30° Baume 400～500g
轉化糖漿 *trimoline* 50g
檸檬汁 *jus de citron* 25g

香緹鮮奶油*（→「基本」P.162）
crème chantilly 約150g
＊打至八分發。

開心果（切碎） *pistache* 適量Q.S.

備料法式香草冰淇淋

1

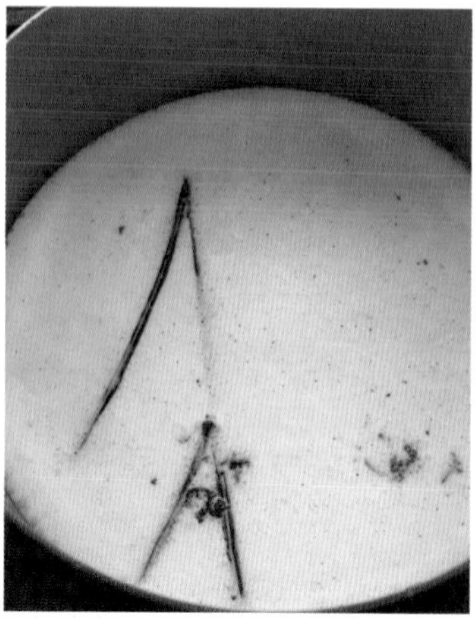

將牛奶、香草莢與香草籽、全脂奶粉、水飴倒入銅鍋，邊用橡膠刮刀攪拌，邊以大火加熱至沸騰。

2

將蛋黃與精製白糖倒入料理盆，以打蛋器貼著盆底拌勻。

3

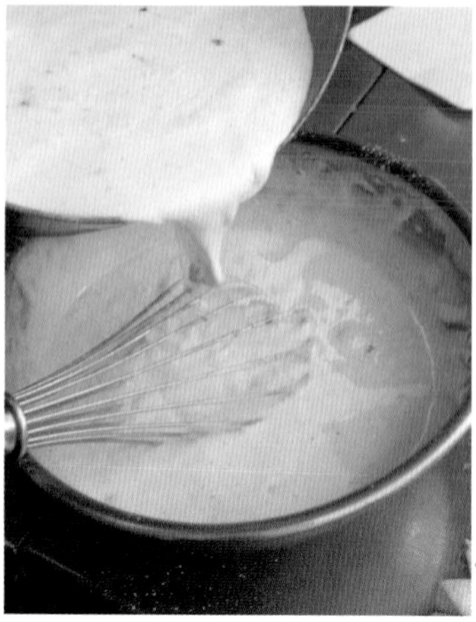

取1/3的**1**加入**2**，以打蛋器充分攪拌。

4

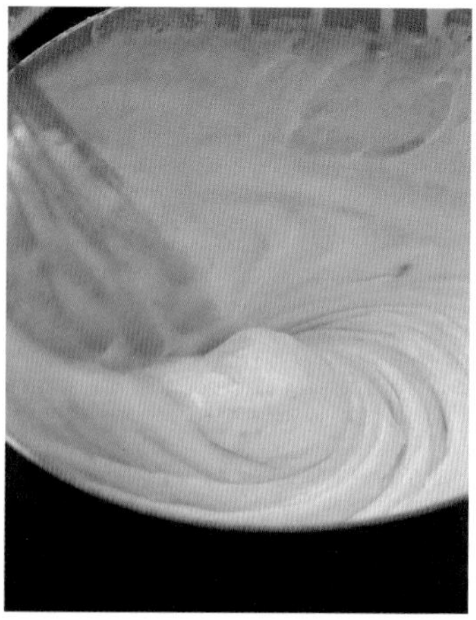

將**3**倒回銅鍋，開小火加熱，掌握製作英式奶油醬的要領，邊以打蛋器攪拌邊加熱，使其變濃稠。

5

加入奶油切塊，用打蛋器混合拌勻。

6

將盆底浸在冰水中急速冷卻後，用保鮮膜服貼密封，放入冰箱冷藏一晚（靜置）。

※少了靜置步驟的話，口感會變粗糙粉粉的。

烘烤杏仁甜塔皮

1

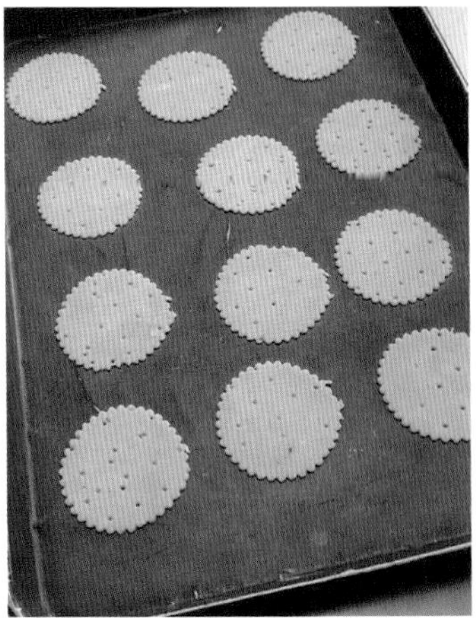

從冰箱冷藏取出事先備好的杏仁甜塔皮，撒點手粉，用壓麵機碾壓成2mm厚。戳洞後，再以直徑8cm的菊花形模具壓出形狀（每片約10g）。

2

排列在氟碳樹脂製成的烤盤，放入上下火皆為180℃的烤箱烘烤約8分鐘。出爐後放在網子上，置於室溫放涼。

製作法式蛋白霜

1

將蛋白倒入攪拌機鋼盆，裝上攪拌頭，以高速打發。打至三～四分發時，開始分次加入少量精製白糖。

※為了讓蛋白霜帶有細緻氣泡，要在還沒明顯打發前就加入白糖。

2

打至八分發時，切換成低速，分次加入少量篩過的糖粉，繼續攪拌。整體拌勻後，切換成高速，打發到帶有亮澤，用攪拌頭撈起時能夠立起來。

3

用手在直徑6cm×高4.5cm的環狀模外側確實塗抹一層脫模油（分量外，Puratos「Puralix」，以下同）。取間隔排列在鋪有矽膠墊的烤盤上。

4

將**2**填入裝有直徑6mm圓形花嘴的擠花袋，從上方貼著**3**環狀模的外圍擠繞蛋白霜。

※過程中停止動作的話會影響成品美觀度，所以要一口氣擠到最後。

完成
法式香草冰淇淋

1

法式香草冰淇淋靜置後，取出香草莢，倒入冰淇淋機。

※建議時間為15分鐘。如果機器已先預冷，那麼縮短成5分鐘即可。

2

當手觸摸冰淇淋機內壁會黏住時，即可停止冷卻，並開始攪拌冰淇淋數分鐘。持續讓機器攪拌，並將法式香草冰淇淋移至冰鎮過的容器中。密封存放於冰箱冷凍。

7

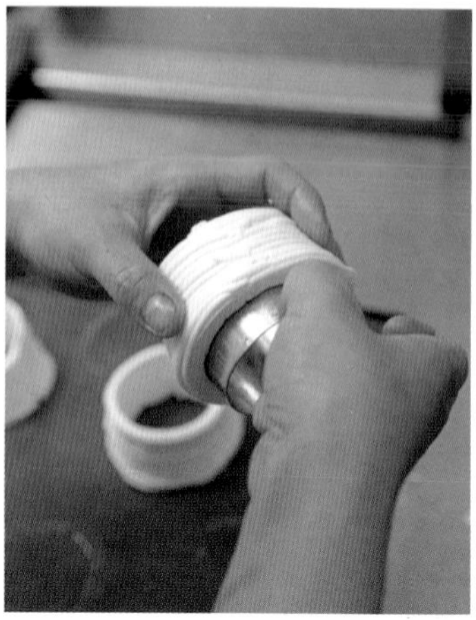

將**4**、**5**、**6**放入100℃的旋風烤箱烘烤1小時，將蛋白霜完全烤乾。不過，步驟**4**的蛋白霜在經過45分鐘已經大致變硬時要先取出，拿掉環狀模後再放回烤箱繼續烘烤完成。出爐後，置於室溫放涼，存放於密閉容器。

※蛋白霜乾燥時會縮水，如果不拿掉環狀模，蛋白霜出爐時就會裂掉。但如果太快脫模，蛋白霜也會因為硬度不夠變形，所以務必烤到具備一定的硬度後再脫模。

5

在烤盤擺放畫有直徑6.5cm圓形的型紙，接著疊上矽膠墊，用手塗抹薄薄一層脫模油。將**2**填入裝有直徑6mm圓形花嘴的擠花袋，沿著型紙擠出水滴狀，繞成一個圓。

6

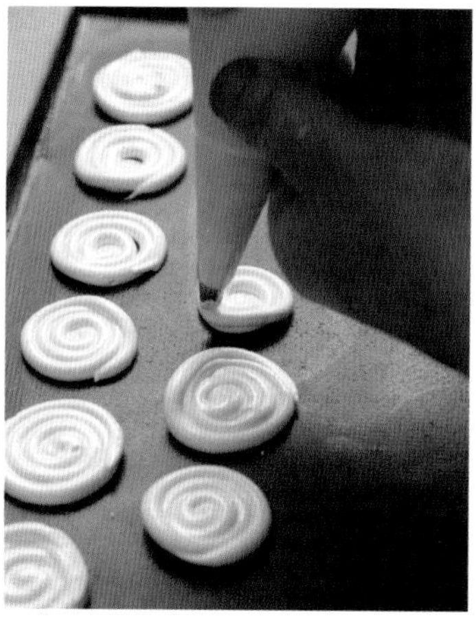

準備另外一只烤盤，鋪上矽膠墊，同樣用手塗抹薄薄一層脫模油。將**2**填入裝有直徑6mm圓形花嘴的擠花袋，從中間向外擠出漩渦形狀，做出直徑約5cm的圓形。

製作杏桃雪酪

1

將杏桃泥倒入料理盆，依序加入30度波美糖漿、轉化糖漿、檸檬汁，以打蛋器攪拌，將糖度調整至18度。

2

倒入冰淇淋機。

※建議時間為15分鐘。如果機器已先預冷，那麼縮短成5分鐘即可。

3

當手觸摸冰淇淋機內壁會黏住時，即可停止冷卻，並開始攪拌冰淇淋數分鐘。持續讓機器攪拌，並將法式香草冰淇淋移至冰鎮過的容器中。密封存放於冰箱冷凍。

組裝、完成

1

排列杏仁甜塔皮，烤面朝上，接著擺上直徑6cm圓筒狀的法式蛋白霜。

2

將法式香草冰淇淋填入裝有花嘴的擠花袋，剪掉擠花袋前端，擠至**1**的一半高。

3

把直徑5cm的圓形法式蛋白霜放入**2**當中，烤面朝上，用手指輕輕壓合。放入急冷冰箱稍作冰鎮。

4

準備擠花袋，無需裝花嘴，填入杏桃雪酪，剪掉擠花袋前端，擠至與**3**的蛋白霜等高。用抹刀抹平，放入急冷冰箱稍作冰鎮。

5

在**4**擺上直徑6.5cm的環狀法式蛋白霜，烤面朝上。

6

將打至八分發的香緹鮮奶油填入裝有8爪13號星形花嘴的擠花袋，在**5**的上方先擠點鮮奶油後，再擠出玫瑰形狀。最後撒上些許開心果碎末。

「Au Bon Vieux Temps」開業

1

3

4

1、2）1981年9月，開在東京尾台山的店舖格局較深，深棕色的基調營造出沉靜氛圍。

3）店鋪座落在從東急大井町線尾台山車站延伸出的商店街上，帶有弧度相當具特色的玻璃窗成為明顯標誌。

4）窗邊是沙龍空間。

5）店內最深處爬上幾層階梯的地點為烘烤類甜點銷售區。

Column

5

2

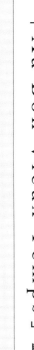

由父子一同刻劃歷史，帶領「Au Bon Vieux Temps」邁向新境界

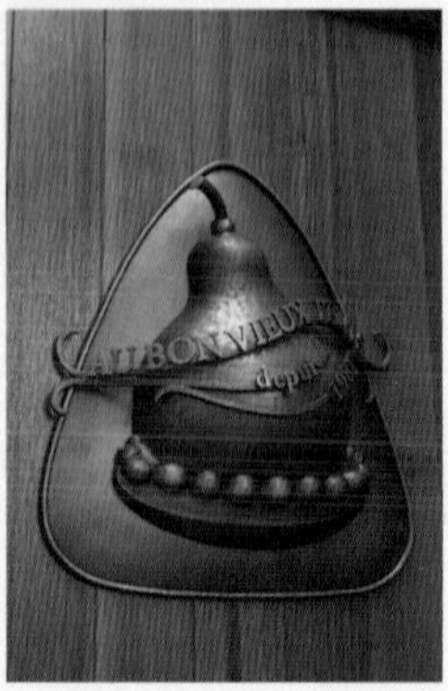

2

1

3

1）2015年4月，新店鋪於距離舊店鋪步行約30秒的環狀八號線上擴大開張。新店舖歷經3年半才完工。

2）銅製招牌，是徒弟們的贈禮。

3）雅緻的水晶燈飾相當吸睛。店內設有結帳用櫃檯，客人選購好商品後會拿到訂購單，這時需將訂購單交給結帳人員結帳。接著再將收據交給工作人員提領商品。這也是法國從前就有的結帳模式。

4）換到新址後，開始販售小甜點類型的冷凍甜點。

5）還陳列著長男薰製作的生菓子。

6）次男力也製作的火腿、香腸等加工肉品，以及焗烤、沙拉等外燴料理，品項豐富。

4

5

6

7

Column

10

8

9

7）跟著朝甜點之路邁進的長男薰（照片中央），以及朝料理之路邁進，成為加工肉品師（charcutier）的次男力也（照片左），一起經營接下來的「Au Bon Vieux Temps」。

8）用餐空間也變大了。大約14個座位，還有提供每日午餐「Plat du jour」。

9）廚房全部集中在地下室。除了照片裡的主要廚房，還設有冷凍甜點、巧克力、手工糖果幾個品項專用的廚房。基於衛生考量，加工肉品廚房配置在1樓。

10）入口左側陳列台上擺滿了法國各地的鄉土甜點、烘烤甜點、維也納麵包。

香草糖

sucre vanille

材料

乾燥香草莢*

gousse de vanille sèchés 4支

精製白糖 *sucre semoule* 100g

＊將使用過的香草莢洗淨後加以乾燥。

作法

1 用食物調理機將乾燥香草莢與精製白糖打碎、混匀。

2 用篩子篩過，丟掉剩餘的香草莢，放入密閉容器，置於室溫存放。

橙皮絲

jullienne d'oranges confites

材料

柳橙皮 *zest d'orange* 適量Q.S.

水飴 *glucose* 適量Q.S.

作法

1 用削皮器將柳橙皮削成薄片，記得用水果刀刮掉白色部分。用刀子切成細絲。

2 鍋中倒入大量的水（分量外），加入①，開火加熱至沸騰。用濾網撈起，徹底瀝乾水分。

3 將②放入鍋中，加入水飴，要能大致蓋過②。開火加熱至110℃，稍微收乾汁液。

4 取出放在網子上，瀝掉。放入密閉容器，存放冰箱冷藏。

覆面糖衣
glace à l'eau

材料
翻糖（→「基本」P.167）
fondant 280g
30度波美糖漿（→「基本」P.169）
sirop à 30° Baume 180～220g

作法
1 將翻糖用手捏軟，放入鍋中。加入約70g的30度波美糖漿（1湯勺的量），邊用刮刀充分攪拌，邊以小火加熱至30℃。
2 繼續加入140g（2湯勺的量）的30度波美糖漿拌勻，過程中要讓溫度維持在30℃。將液體稠度調整至可以流動，用手指撈起時看得見手指的透明度。

法式奶油霜
crème au beurre

材料
奶油 *beurre* 200g
蛋黃霜（→「基本」P.166）
pâte à bombe 68g
義式蛋白霜（→「基本」P.169）
meringue italienne 68g

作法
1 將冰冷奶油切成適當大小後放入料理盆。盆底用直火稍微加熱，再以打蛋器攪拌成膏狀。
2 加入蛋黃霜，充分拌勻至滑順狀。
3 加入義式蛋白霜，繼續攪拌至均勻滑順狀。

甘納許
ganache

材料
調溫巧克力（黑巧克力，可可含量55%）
couverture noir 55% de cacao 800g
鮮奶油（乳脂肪含量47%）
crème fraîche 47% MG 150g
牛乳 *lait* 300g
轉化糖漿 *trimoline* 40g
奶油* *beurre* 250g
＊冰過後切成小塊。

作法
1 將調溫巧克力放入料理盆，隔水加熱使其融化。
2 將鮮奶油、牛奶、轉化糖漿倒入鍋中，開火加熱至沸騰。
3 將①倒入攪拌盆，接著倒入②。用打蛋器徹底拌勻，攪拌至滑順狀。
4 加入冰過的小塊奶油，裝上打蛋器，以攪拌機低速攪拌使其乳化並降至相當於皮膚溫度。
※若沒有要立刻使用，就要移至料理盆，用保鮮膜服貼密封，存放冰箱冷藏。準備使用前，可取需要量開火加熱至接近皮膚溫度，再以打蛋器慢慢攪拌至乳化。

杏桃果醬覆面
glaçage d'abricot

材料
杏桃果醬（→「基本」P.163）
confiture d'abricot 200g
鏡面果膠（→「基本」P.164）
nappage neutre 200g
水 *eau* 適量Q.S.

作法
1 將杏桃果醬、鏡面果膠倒入銅鍋，加入適量的水，調整硬度。
2 開中火加熱，邊用刮刀攪拌至沸騰。
※若沒有要立刻使用，就要移至料理盆，用保鮮膜服貼密封，置於室溫放涼。準備使用前可再加入適量的水加熱，並用刮刀攪拌至沸騰

卡士達醬
crème pâtissière

材料
牛奶 *lait* 1500g
香草莢* *gousse de vanille* 1.5支
蛋黃 *jaunes d'œufs* 15顆分
精製白糖 *sucre semoule* 375g
高筋麵粉 *farine de gruau* 150g
奶油（切塊） *beurre* 150g
*1 縱向剖開取出種子，剩下的香草莢亦可使用。

作法
1 將牛奶倒入銅鍋，加入香草莢和香草籽，以小火加熱。
2 將蛋黃、精製白糖倒入料理盆，以打蛋器貼著盆底攪拌到顏色泛白。
3 將高筋麵粉加入②，繼續攪拌直到看不見粉末。
4 ①沸騰後，取出香草莢。接著取4分之1的①加入③，充分攪拌。
※過程中①的銅鍋還是要繼續用小火加熱。
5 將④倒回①的銅鍋，轉大火後，邊用打蛋器攪拌至沸騰。
※即將變熟最剛開始的1～2分鐘很容易焦掉，加熱時務必迅速從鍋底撈拌均勻。
6 沸騰後，當攪拌時的阻力變小，手感變輕盈時即可關火。要攪拌到阻力徹底變小，用打蛋器撈起時能滑順地持續垂滴落下。
7 加入切塊的奶油，迅速攪拌。
8 移至料理盆，用保鮮膜服貼密封，立刻放入冰箱冷藏一晚。
※若是家用冰箱，就必須放入料理盤，用保鮮膜服貼密封，並將盤底浸在冰水中急速冷卻後，再放入冰箱冷藏。
9 準備使用前，可取需要量放至料理盆，並用刮刀攪拌開來變成滑順狀。

香緹鮮奶油
crème chantilly

材料
鮮奶油（乳脂肪含量47%）
crème fraîche 47% MG 500g
精製白糖 *sucre semoule* 50g

作法
1 將鮮奶油、精製白糖倒入攪拌機鋼盆，以低速～中速攪拌，稍微打發後切換至高速，打至六分發。
2 移至料理盆，用打蛋器繼續手打，讓質地更均勻。可依用途調整打發程度。
※若沒有要立刻使用，就要在步驟1的狀態移至料理盆，蓋上保鮮膜，置於冰箱冷藏存放。

杏仁奶油醬
crème d'amandes

材料
奶油 *beurre* 125g
杏仁糖粉（→「基本」P.163）
T.P.T. 250g
全蛋（打散） *œufs entiers* 2顆

作法
1 將冰冷奶油切成適當大小後放入料理盆。盆底用直火稍微加熱，再以打蛋器攪拌成膏狀。
2 加入杏仁糖粉，將打蛋器貼著盆底充分拌勻。
3 逐次加入少量打散的全蛋，充分拌至均勻滑順狀。
4 用保鮮膜服貼密封，置於冰箱冷藏2～3小時。

帶籽覆盆子果醬
confiture de framboise pépines

材料
覆盆子（冷凍，完整顆粒） *framboises* 500g
精製白糖* *sucre semoule* 500g
果膠* *pectine* 6g
＊混合拌勻。

作法
1 用濾網過濾覆盆子，濾網網目必須是覆盆子籽能夠通過的大小。
2 將①放入銅鍋，加入拌勻的精製白糖與果膠，以大火加熱。
3 用漏勺攪拌收乾汁液，讓糖度介於67～68% Brix。
4 移至料理盆，用保鮮膜服貼密封，置於室溫放涼。

杏仁糖粉
T.P.T.

材料
杏仁（去皮，完整顆粒） *amandes* 200g
精製白糖 *sucre semoule* 200g
乾燥香草莢*
gousse de vanille sèchés 1支
＊將使用過的香草莢洗淨後加以乾燥。

作法
1 用食物調理機將杏仁、精製白糖與乾燥香草莢打成較粗的碎粒並混勻。
2 壓麵機厚度設定為10mm，並將粗粒碾壓三次。可存放於室溫一週左右。

濃縮咖啡液
extrait de café

材料
精製白糖 *sucre semoule* 600g
水 *eau* 200g
熱水*1 *eau chaude* 500g
咖啡豆（濃縮咖啡用）*2 *café* 250g
＊加熱至接近沸騰狀態。
＊磨成細粉。

作法
1 將精製白糖、水放入鍋中以大火加熱，過程中要偶爾用打蛋器攪拌。
2 變成深褐色時即可關火，加入接近沸騰狀態的熱水並攪拌。
3 將磨成細粉的咖啡豆放入料理盆，倒入②，充分攪拌。蓋上保鮮膜，放進溫度40℃、濕度40℃的發酵箱24小時，萃取出咖啡的風味。
4 用白棉布將③過濾到另一只料理盆。殘留在棉布上的③也要將棉布整個抓起用力擰乾。
5 放入密閉容器，可長時間存放於室溫。

杏桃果醬
confiture d'abricot

材料
杏桃泥 *pulpe d'abricot* 200g
精製白糖* *sucre semoule* 200g
果膠* *pectine* 10g
＊混合拌勻。

1 將杏桃泥用網目較粗（約2mm大小）的濾網濾過。
2 將①放入銅鍋，加入拌勻的精製白糖與果膠，以大火加熱。
3 用漏勺攪拌至沸騰，過程中要稍微撈掉浮沫。
4 移至料理盆，用保鮮膜服貼密封，置於室溫放涼。

巴巴糕體
pâte à baba

材料

乾酵母 *levure sèche de boulanger* 8g
精製白糖A *sucre semoule* 8g
溫水 *eau tiède* 40g
高筋麵粉 *farine de gruau* 300g
全蛋（打散） *œufs entiers* 4顆
牛奶（回至室溫） *lait tempéré* 120g
A 奶油 *beurre* 90g
　精製白糖B *sucre semoule* 8g
　鹽 *sel* 8g
葡萄乾 *raisins secs* 90g

作法

1 將乾酵母、精製白糖A放入料理盆，接著倒入溫水。置於室內溫暖處20～30分鐘預備發酵，讓酵母起泡。

2 將高筋麵粉、全蛋、①倒入攪拌機鋼盆，裝上麵團勾，以低速稍作混拌。接著切至高速，分5～6次加入牛奶，每次加入後都要將麵糊攪拌至能夠相連（約需花費20分鐘）

3 當麵團成塊，不會殘留在鋼盆內壁時，就先用手取少量麵團，確認拉開時能延展成薄膜狀的話，即可從攪拌機取出。若麵團太硬不好剝開，則可加入少量的水（分量外）作調整。

4 在刮板抹點手粉，從麵團邊緣往下壓，讓麵團更集中，且表面稍微撐開來。蓋上保鮮膜，置於室內溫暖處，讓麵團發酵膨脹變2倍大。

5 將A放入料理盆，用手搓揉混合均勻。
※使用從冰箱中取出的硬奶油，一邊攪拌一邊倒入弄軟。

6 用裝了麵團勾的攪拌機高速攪拌④進行排氣。當麵團不會黏在鋼盆內壁時，即可加入⑤，繼續攪拌均勻。

7 用手取少量麵團，確認拉開時麵團會呈薄膜狀，且比步驟③的狀態更滑順，即可從攪拌機取出。加入葡萄乾，用手拌勻。

8 用手在直徑5cm×高3cm的環狀模塗上薄薄一層脫模油（分量外），排在鋪有silpat烘焙墊的烤盤上。將⑦填入裝有直徑12mm圓形花嘴的擠花袋，擠入麵糊，高度大約是烤模的一半高，手指沾水截斷麵糊。

9 置於室內溫暖處讓麵糊發酵。10分鐘後要噴水（分量外），讓麵團發酵膨脹變2倍大。

鏡面果膠
nappage neutre

材料

鏡面果膠（使用Dejaut的「Nappage Jelbri Neure」） *nappage neutre* 800g
水飴 *glucose* 120g
水 *eau* 400g

作法

1 所有材料倒入銅鍋，以打蛋器邊攪拌邊加熱。沸騰後停止加熱。

2 直接置於室溫放涼，用濾網濾過後，放入密閉容器，存放於冰箱冷藏。

泡芙麵糊
pâte à choux

材料

水 *eau* 250g
牛奶 *lait* 250g
精製白糖 *sucre semoule* 10g
鹽 *sel* 10g
奶油（切成1cm塊狀） *beurre* 225g
低筋麵粉 *farine ordinaire* 300g
全蛋* *œufs entiers* 400g
*可視麵糊的稠度調整分量，感覺太稠就要加量，較稀則是減量。

作法

1 將水、牛奶、精製白糖、鹽，切成1cm塊狀的奶油放入銅鍋，邊用刮刀攪拌，邊以大火加熱。沸騰後即可停止加熱。

2 加入篩過的低筋麵粉，迅速攪拌至看不見粉末。

3 再次以大火加熱去除水分，過程中務必迅速從鍋底撈拌均勻，避免材料燒焦，當麵糊結塊，可以整個從鍋底撈起時，就能停止加熱。

4 將③放入攪拌機，裝上攪拌頭以低速攪拌。當溫度降至60℃，分6～8次加入全蛋，每次加入時都要徹底拌勻。加完所有的全蛋時，溫度大約會降至30～35℃。

5 用刮刀撈起時，如果麵糊能慢慢、滑順地掉落，且殘留在刮刀上的麵糊呈細長倒三角形時即可完成。太稠的話則須再混入全蛋作調整。

布里歐麵包
pâte à brioches

材料
乾酵母 *levure sèche de boulanger* 10g
精製白糖A *sucre semoule* 1g
溫水 *eau tiède* 50g
精製白糖B *sucre semoule* 30g
鹽 *sel* 7g
全蛋 *œufs entiers* 100g
水 *eau* 20g
低筋麵粉* *farine ordinaire* 125g
高筋麵粉* *farine de gruau* 125g
奶油（回至室溫） *beurre* 150g
塗抹用蛋液（全蛋） *dorure (œufs entiers)* 適量Q.S.
*混合後篩過。

作法
1 將乾酵母、精製白糖A放入料理盆，接著倒入溫水。置於室內溫暖處20～30分鐘預備發酵，讓酵母起泡。
2 將①、精製白糖B、鹽、全蛋、水、混合篩過的高低筋麵粉倒入攪拌機鋼盆，裝上麵團勾，以低速稍作混拌。接著切至中速，徹底拌勻。
3 當麵團不會殘留在鋼盆內壁時，就先用手取少量麵團，確認拉開時能延展成薄膜狀的話，即可將回至室溫的奶油剁小塊放入，繼續攪拌到出現亮澤。
4 移至料理盆，在刮板抹點手粉，從麵團邊緣往下壓，讓麵團更集中，且表面稍微撐開來。
5 蓋上保鮮膜，置於冰箱冷藏5～6小時進行一次發酵，發酵後會膨脹成2倍大。
6 如果是製作「波蘭人蛋糕」（P.25），要準備直徑10cm×高11cm的布里歐圓柱烤模。在烤模內壁和底部塗抹澄清奶油（分量外），在側面及模底鋪放大小剛好的烘焙紙。
7 將⑤擺在工作桌，拍打排氣。撒下手粉，分成250g塊狀。
8 用手掌將⑦由上往下包覆的方式在工作桌上搓動滾圓，讓表面變得光滑有彈性。
9 將⑧放入步驟⑥的烤模，置於室內溫暖處進行二次發酵。10分鐘後要噴水（分量外），讓麵團發酵膨脹變2倍大。
10 用毛刷在上面塗抹蛋液，接著用剪刀剪出十字切痕。放入上下火皆為200℃的烤箱烘烤20分鐘。將上下火降至180℃後，繼續烘烤約40分鐘。

10 放入上下火皆為200℃的烤箱烘烤約20分鐘。烤出顏色後即可先脫模，將蛋糕放平，排列在烤盤上，再以上下火皆為180℃的烤箱烘烤12分鐘，充分烤乾。出爐後放在網子上，置於室溫放涼。

酥塔皮麵團
pâte à foncer

材料
全蛋 *œufs entiers* 1顆
蛋黃 *jaune d'œuf* 1顆分
水 *eau* 80g
鹽 *sel* 10g
精製白糖 *sucre semoule* 20g
低筋麵粉 *farine ordinaire* 500g
奶油* *beurre* 300g
*從冰箱冷藏取出，稍微放軟再使用。

作法
1 將全蛋、蛋黃放入料理盆，以打蛋器打散，接著加入水、鹽、精製白糖拌勻。
2 將低筋麵粉、稍微變軟的奶油放入攪拌機鋼盆，用手搓開來。
3 將①加入②，裝上麵團勾，並以低速攪拌。大致混合後，切成中速徹底攪拌均勻。
4 當所有材料融合，看得出亮澤和彈性時，就能將麵團放在撒有手粉的工作桌，並用手集結成塊。
5 放入塑膠袋，至少冰箱冷藏3小時。

杏仁甜塔皮
pâte sucrée aux amandes

材料

奶油（回至室溫） *beurre* 250g
糖粉 *sucre glace* 38g
鹽 *sel* 2g
全蛋 *œufs entiers* 1顆
蛋黃 *jaune d'œuf* 1顆分
杏仁糖粉（→「基本」P.163）
T.P.T. 225g
低筋麵粉 *farine ordinaire* 375g

作法

1 將回至室溫的奶油放入攪拌機鋼盆，裝上攪拌頭，以低速拌成膏狀。

2 加入糖粉、鹽，繼續攪拌，偶爾切換成高速，直到整體泛白。

3 依序加入全蛋和蛋黃，每次加入時都要以中高速充分攪拌。

4 杏仁糖粉和低筋麵粉分別篩過，接著加入杏仁糖粉和1/4～1/3的低筋麵粉，以低速拌匀。

5 加入剩餘的低筋麵粉，繼續攪拌至看不見粉末。

6 將⑤擺在撒點手粉的工作桌，用手掌稍微搓揉整型。

7 放入塑膠袋，壓平，至少冷藏1小時。

生杏仁膏
pâte d'amandes crue

材料

杏仁（去皮，完整顆粒） *amandes* 250g
精製白糖 *sucre semoule* 250g
蛋白 *blancs d'œufs* 30g
水 *eau* 30g

作法

1 用食物調理機將杏仁和精製白糖粗略打碎，攪拌。

2 將①、蛋白、水倒入料理盆，用手拌勻。

3 用手稍微集中成塊。壓麵機厚度設定為1.5mm，碾壓一次。

4 接著再集中成塊。用保鮮膜包裹，置於冰箱冷藏，可存放約2週。

11 出爐後立刻脫模，放上網子，置於室溫放涼後，直接放入冰箱冷藏1天。

※不要覆蓋保鮮膜，冰箱冷藏1天後就會變硬。

蛋黃霜
pâte à bombe

材料

精製白糖 *sucre semoule* 250g
水 *eau* 84g
蛋黃 *jaunes d'œufs* 8顆分

作法

1 將精製白糖、水倒入銅鍋，以大火加熱至103℃，這時會呈絲狀（用手指捏起糖漿時會牽絲）。

2 將蛋黃倒入攪拌機鋼盆，用打蛋器打散，邊加入①，邊迅速混拌。

3 攪拌機裝上攪拌頭，以高速攪拌，將空氣拌入變膨。切換成中速，讓質地更均匀。當麵糊出現亮澤，用打蛋器拉起時，麵糊會像緞帶般慢慢滑落的話，即可停止攪拌。

4 移至料理盆，用保鮮膜服貼密封，存放冰箱冷藏或冷凍。冷藏可放1週，冷凍則可存放2～3週。

翻糖
fondant

材料
精製白糖　*sucre semoule*　500g
水　*eau*　200g
水飴　*glucose*　37.5g

作法
1　所有材料放入鍋中，開火加熱至118～119℃。
2　將①噴灑消毒用酒精，倒在大理石工作桌上。用刮刀或三角刮板大面積攤開後，再全部集中回中間。重複此作業，讓溫度降至40℃左右。
3　重複用刮板攤開後再全部集中的作業，直到糖漿糖化泛白，能輕鬆從工作桌剝離為止。
4　將③放入攪拌機鋼盆，裝上麵團勾，以低速攪拌至滑順且帶亮澤。
5　放在大理石工作桌，用手搓揉成塊。蓋上保鮮膜，存放於室溫。

千層酥皮麵團
pâte feuilletée

材料
牛奶　*lait*　226g
水　*eau*　226g
鹽　*sel*　20g
精製白糖　*sucre semoule*　20g
奶油A　*beurre*　100g
低筋麵粉*　*farine ordinaire*　500g
高筋麵粉*　*farine de gruau*　500g
奶油B　*beurre*　400g
*混合後篩過。

作法
1　將牛奶、水、鹽、精製白糖放入料理盆，以打蛋器拌勻。
2　將奶油A放在工作桌上，用擀麵棍敲打至稍微變軟，接著以刀子切成適當大小。
3　將混合篩過的高低筋麵粉、②倒入攪拌機鋼盆，裝上攪拌頭，以低速攪拌。
4　立刻逐次添加少量的①進行混合。當粉末不會飛起時，就能切換成中速，持續攪拌至麵團呈小塊狀且不會水水的。
5　放在撒了手粉的工作桌上，用手整成球狀。
6　以刀子劃入十字切痕，放入塑膠袋，至少冷藏1小時。
7　將⑥放在撒了手粉的工作桌上，用擀麵棍將麵團從切痕處由中心朝四方稍微壓擀開來。中心還是要保留些許高度。
8　將奶油B放在工作桌上，用擀麵棍敲打至稍微變軟。邊撒手粉，邊擀成厚度約4cm的正方形。
9　將⑧轉45度並放在⑦的正中央，從四邊將麵團折疊起來使其貼合。
10　邊撒手粉，邊用擀麵棍敲打擀出約25cm×25cm的正方形。放入塑膠袋，至少冷藏1小時。
11　邊撒手粉，邊用擀麵棍敲打擀成1～2cm厚。用壓麵機碾壓成105×35cm×厚度約6mm的長方形。
12　將麵團橫擺在工作桌上，折三折，兩邊用擀麵棍按壓密合。
13　將麵團方向轉90度，重複步驟⑪～⑫。
14　放入塑膠袋，冷藏1～1.5小時。
15　再重複兩次步驟⑪～⑭（折三折的步驟總計共6次）。
※上述雖然是進行6次折三折，但其他甜點的次數會不同。可隨時增減步驟⑪～⑭的次數予以調整。

餅乾用堅果醬
praliné aux fours secs

材料
棒果（帶皮，完整顆粒） *noisettes* 1000g
杏仁（去皮，完整顆粒） *amandes* 1000g
精製白糖 *sucre semoule* 2200g
調溫巧克力（黑巧克力，可可含量54％）*
couverture noir 54% de cacao 500g
＊加熱融化。

作法
1　將棒果鋪放在烤盤，放入上下火皆為180℃的烤箱烘烤至中間變色。
2　用手在粗網目的濾網上搓揉滾動，稍微去皮。殘留些許外皮也沒關係。置於室溫放涼。
3　進行步驟①的同時，將杏仁鋪放在另一塊烤盤上，以上下火皆為180℃的烤箱烘烤至稍微變色。置於室溫放涼。
4　銅鍋開火加熱，撒入薄薄一層精製白糖，能夠蓋掉鍋底即可。
5　白糖融化變成褐色時，取少量白糖用手撒入鍋中，持續上述步驟，直到加完所有的白糖，過程中要偶爾用刮刀攪拌，加熱至變成明顯的深褐色。
6　在大理石工作桌鋪放Silpat矽膠墊，倒入⑤，置於室溫放涼變硬。連同乾燥劑一起放入密閉容器保存。
7　將⑥切成適當大小，放入食物調理機，加入②、③，打成粗泥狀。
※食物調理機變熱會使堅果出油，了避免堅果接觸到熱，要盡量縮短機器運轉時間。
8　將⑦和融化的調溫巧克力混合，以壓麵機碾壓3次。剛開始厚度先設定為0.5mm，接著慢慢變小，壓成滑順的乳霜狀。
※若沒有要立刻使用，在步驟⑧的時候不要做最後一次碾壓，用塑膠墊包覆置於室溫，大約可存放1年。準備使用前，可取需要量再過一次壓麵機，壓成滑順的乳霜狀。

焦糖榛果杏仁醬
praliné amande noisette

材料
榛果（帶皮，完整顆粒） *noisettes* 200g
杏仁（去皮，完整顆粒） *amandes* 200g
精製白糖 *sucre semoule* 300g
水 *eau* 80g

作法
1　將榛果鋪放在烤盤，放入上下火皆為180℃的烤箱烘烤至中間變色。
2　用手在粗網目的濾網上搓揉滾動，稍微去皮。殘留些許外皮也沒關係。
3　進行步驟①的同時，將杏仁鋪放在另一塊烤盤上，以上下火皆為180℃的烤箱烘烤至稍微變色。
4　將精製白糖、水放入鍋中，開火加熱至118℃。
5　將②與③趁熱移至銅鍋，加入④，用刮刀整個拌勻，讓糖漿糖化泛白。攤在烤盤上放涼，使糖漿變得不燙手。
6　將⑤倒回銅鍋，邊用刮刀從鍋底撈起攪拌的方式，邊以大火加熱。讓糖慢慢融化，持續加熱至整個變成深褐色。
7　攤放在烤盤，等到完全冷卻。
8　將⑦切成適當大小，放入食物調理機打成粗泥狀。
※食物調理機變熱會使堅果出油，為了避免堅果接觸到熱，要盡量縮短機器運轉時間。
9　以壓麵機碾壓個4～5次。剛開始厚度先設定為0.5mm，接著慢慢變小，壓成滑順的乳霜狀。
※若沒有要立刻使用，在步驟⑨的時候不要做最後一次碾壓，用塑膠墊包覆置於室溫，大約可存放1年。準備使用前，可取需要量再過一次壓麵機，壓成滑順的乳霜狀。

杏仁蛋白餅
meringue aux amandes

材料
蛋白 *blancs d'œufs* 100g
脫水乾燥蛋白粉 *blancs d'œufs en poudre* 2g
糖粉 *sucre glace* 75g
杏仁糖粉（→「基本」P.163）
T.P.T. 60g
精製白糖 *sucre semoule* 45g

作法
1 將蛋白、脫水乾燥蛋白粉放入攪拌機鋼盆，用打蛋器稍作混合，接著裝上攪拌頭，以高速打至六～七分發。
2 切換成低速，加入糖粉，繼續換成高速，打發到帶有亮澤，用攪拌頭撈起時能夠立起來。
3 將②倒入料理盆，加入篩過的杏仁糖粉，以橡膠刮刀稍微混拌。
4 加入精製白糖，徹底拌勻。
5 如果是製作「蒙布朗」（P.88），將④填入裝有直徑9mm圓形花嘴的擠花袋，以毛刷在烤盤塗抹薄薄一層澄澈奶油（分量外），擠出直徑15cm、12cm、10cm的格紋圓形，每個尺寸各2個。
6 放入上下火皆為130℃的烤箱烘烤1小時。出爐後置於室溫放涼。
※要烤到中間也明顯變色。

30度波美糖漿
sirop à 30° Baumé

材料
精製白糖 *sucre semoule* 1350g
水 *eau* 1000g

作法
1 將精製白糖、水倒入鍋中，加熱至沸騰。
2 停止加熱，放置冷卻，倒入密閉容器，可存放於室溫下約2週。

義式蛋白霜
meringue italienne

材料
精製白糖 *sucre semoule* 400g
水 *eau* 135g
蛋白 *blancs d'œufs* 200g

作法
1 將精製白糖、水倒入鍋中，以大火加熱至122℃使其沸騰。
2 ①沸騰後，將蛋白放入攪拌氣鋼盆，裝上攪拌頭，配合步驟①的時間，以高速開始攪拌打發。
3 ①的溫度達122℃時，將②的攪拌機降至中速，並將①倒入②。
4 倒完後，切換成高速，打發到帶有亮澤，用攪拌頭撈起時能夠立起來，且接近人體皮膚溫度。

河田勝彥的甜點師人生

1944年	1月3日	生於戰時的東京・本鄉坂下町。
1962年	4月	進入東京農業短期大學就讀。
1964年	4月	插班進入4年制仍中途退學，立志成為料理人。於「丸之內會館」就職。
	6月	分派至東京奧運選手村的餐廳。
	8月	因勞累導致健康狀況不佳，罹患瘰疽。
	9月	離職。
1965年		轉為法國甜點師傅，進入「米津凮月堂」。
1966年		離職。
1967年	6月	前往法國巴黎。
	9月	進入「西達（Syda）」工作（～68年5月）。
1968年	5月	五月革命爆發，失去工作。 騎自行車從巴黎經國道七號南下，花10天抵達馬賽。再度北上，抵達位於維恩（Vienne）和瓦朗斯（Valence）之間的聖朗貝爾達爾邦（Saint-Rambert-d'Albon），寄宿當地農戶家2個月，幫忙採收桃子。
	8月	回到巴黎。
	9月	在法國西南邊波爾多（Bordeaux）的釀酒廠打工換宿，幫忙採收葡萄約2週。 假日造訪利布爾訥（Libourne）時，在「洛佩（Pâtisserie López）」與可麗露相遇。
	10月	回到巴黎。
	11月	進入「沙拉邦（Salavin）」工作（～69年4月）。
1969年	5月	進入「邦斯（Pons）」工作（～71年4月）。對料理古書產生興趣並開始收集。
	7月	前往瑞士巴塞爾（Bazel）的柯巴甜點學校（Coba）學做糖（約1個月）。
1971年	5月	進入「柏蒂與夏博（Potel et Chabot）」餐廳工作（～11月）。
	11月	進入「美食家（Gourmond）」製作手工糖果（約3週）。
	12月	進入「柯克蘭艾內（Coquelin Ainé）」工作（～72年4月）。
1972年	5月	進入「卡萊特（Carette）」工作（～7月）。
	9月	為學習製作巧克力，進入比利時布魯塞爾的「維塔梅爾（Wittamer）」工作（～73年4月）。
1973年	5月	回到巴黎。進入「喬治五世（George V）」飯店工作（～7月）。
	7月	進入「巴黎希爾頓（Hilton de Paris）」飯店工作（～9月）。
	9月	進入「金豬（Cochon d'Or）」餐廳工作（～11月）。
1974年	1月	赴任「巴黎希爾頓（Hilton de Paris）」飯店甜點主廚（～75年6月）。
1975年	6月	以「幫修業畫上句點」為名，與朋友2人耗時2個月駕車環法一周。
	7月	回到日本。
	8月	於埼玉縣浦和市（今埼玉市）設立「河田甜點研究所」。
1977年	5月	與加代子小姐結婚。
1978年	8月	長男薰誕生。
1981年	4月	次男力也誕生。
	9月	於東京世田谷開設「昔日的美好時光（Au Bon Vieux Temps）」。
1993年		『Au Bon Vieux Temps 河田勝彥 法國傳統甜點（生活設計210號）』發行（中央公論社）。
2002年		『甜點教父河田勝彥的完美配方』於日本發行（柴田書店）。中文版（瑞昇文化，2016）
2008年		『河田勝彥 法式一口甜點・手工糖果』於日本發行（柴田書店）。中文版（瑞昇文化，2017）
2009年		『傳統與創新Au Bon Vieux Temps的甜點師傅魂』發行（朝日新聞出版）。 『美味甜點風貌』發行（扶桑社）。
2010年		『古典新式法國甜點』（NHK出版）發行。
2011年		『簡素的甜點』（柴田書店）發行。
2012年	10月	榮獲「現代名工」獎。
	11月	榮獲「飲食生活文化獎銀牌」。
2014年		『河田勝彥的法國鄉土甜點之旅』於日本發行（誠文堂新光社）。中文版（瑞昇文化，2016）
2015年	4月	搬遷至新店址重新開張。
2016年	2月	『河田勝彥最基本而完美的糕點配方』於日本發行（世界文化社）。
2018年	1月	『為了所有的美味』（自然食通信社）發行。
2020年	7月	『河田勝彥の永恆典藏甜點』於日本發行（河出書房新社）。

PROFILE

河田勝彥

1944年生於東京。1967年起遠赴法國修業約8年的時間，最後在「巴黎希爾頓飯店」擔任甜點主廚。回國後，在埼玉浦和開始巧克力和烘烤類甜點的中盤業務。1981年，在東京世田谷的尾山台開設「昔日的美好時光」（Au Bon Vieux Temps）。著有《河田勝彥 法式一口甜點．手工糖果》、《河田勝彥的法國鄉土甜點之旅》、《甜點教父河田勝彥的完美配方》（瑞昇文化）、《河田勝彥最基本而完美的糕點配方》、《河田勝彥の永恆典藏甜點》等書。

昔日的美好時光（*Au Bon Vieux Temps*）
東京都世田谷區等々力2-1-3
TEL 03-3703-8428

TITLE

典藏河田勝彥 美好的甜點時光

STAFF

出版	瑞昇文化事業股份有限公司
作者	河田勝彥
譯者	蔡婷朱
創辦人／董事長	駱東墻
CEO／行銷	陳冠偉
總編輯	郭湘齡
責任編輯	張聿雯
文字編輯	徐承義
美術編輯	謝彥如
校對	于忠勤
國際版權	駱念德　張聿雯
排版	二次方數位設計　翁慧玲
製版	明宏彩色照相製版有限公司
印刷	桂林彩色印刷股份有限公司
法律顧問	立勤國際法律事務所　黃沛聲律師
戶名	瑞昇文化事業股份有限公司
劃撥帳號	19598343
地址	新北市中和區景平路464巷2弄1-4號
電話	(02)2945-3191
傳真	(02)2945-3190
網址	www.rising-books.com.tw
Mail	deepblue@rising-books.com.tw
初版日期	2023年5月
定價	550元

國家圖書館出版品預行編目資料

典藏河田勝彥 美好的甜點時光/河田勝彥作；蔡婷朱譯. -- 初版. -- 新北市：瑞昇文化事業股份有限公司, 2023.05
176面；18.8X25.7公分
ISBN 978-986-401-627-3(平裝)

1.CST: 點心食譜

427.16　　112005140

AU BON VIEUX TEMPS KAWATA KATSUHIKO NO OMOIDE KASHI
By Katsuhiko Kawata